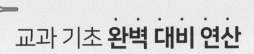
교과 기초 **완벽 대비 연산**

교과 **셈**
교과
수학의
시작

6·1

초등

· 6학년 1학기 ·

교과셈

책을 내면서

연산은 교과 학습의 시작

효율적인 교과 학습을 위해서 반복 연습이 필요한 연산은 미리 연습되는 것이 좋습니다. 교과 수학을 공부할 때 새로운 개념과 생각하는 방법에 집중해야 높은 성취도를 얻을 수 있습니다. 새로운 내용을 배우면서 반복 연습이 필요한 내용은 학생들의 생각을 방해하거나 학습 속도를 늦추게 되어 집중해야 할 순간에 집중할 수 없는 상황이 되어 버립니다. 이 책은 교과 수학 공부를 대비하여 공부할 때 최고의 도움이 되도록 했습니다.

원리와 개념을 익히고 반복 연습

원리와 개념을 익히면서 연습을 하면 계산력뿐만 아니라 상황에 맞는 연산 방법을 선택할 수 있는 힘을 키울 수 있고, 교과 학습에서 연산과 관련된 원리 학습을 쉽게 이해할 수 있습니다. 숫자와 기호만 반복하는 경우에 수 연산 관련 문제가 요구하는 내용을 파악하지 못하여 계산은 할 줄 알지만 식을 세울 수 없는 경우들이 있습니다. 수학은 결과뿐 아니라 과정도 중요한 학문입니다.

사칙 연산을 넘어 반복이 필요한 전 영역 학습

사칙 연산이 연습이 제일 많이 필요하긴 하지만 도형의 공식도 연산이 필요하고, 대각선의 개수를 구할 때나 시간을 계산할 때도 연산이 필요합니다. 전통적인 연산은 아니지만 계산력을 키우기 위한 반복 연습이 필요합니다. 이 책은 학기별로 반복 연습이 필요한 전 영역을 공부하도록 하고, 어떤 식을 세워서 해결해야 하는지 이해하고 연습하도록 원리를 이해하는 과정을 다루고 있습니다.

다양한 접근 방법

수학의 풀이 방법이 한 가지가 아니듯 연산도 상황에 따라 더 합리적인 방법이 있습니다. 한 가지 방법만 반복하는 것은 수 감각을 키우는데 한계를 정해 놓고 공부하는 것과 같습니다. 반복 연습이 필요한 내용은 정확하고, 빠르게 해결하기 위한 감각을 키우는 학습입니다. 그럴수록 다양한 방법을 익히면서 공부해야 간결하고, 합리적인 방법으로 답을 찾아낼 수 있습니다.

올바른 연산 학습의 시작은 교과 학습의 완성도를 높여 줍니다. 교과셈을 통해서 효율적인 수학 공부를 할 수 있도록 하세요.

지은이 천종현

1. 교과셈 한 권으로 교과 전 영역 기초 완벽 준비!

사칙 연산을 포함하여 반복 연습이 필요한 교과 전 영역을 다룹니다.

2. 원리의 이해부터 실전 연습까지!

원리의 이해부터 실전 문제 풀이까지 쉽고 확실하게 학습할 수 있습니다.

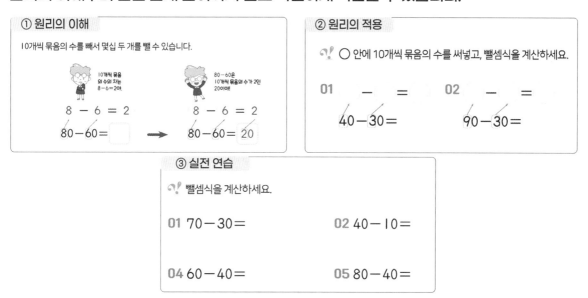

3. 다양한 연산 방법 연습!

다양한 연산 방법을 연습하면서 수를 다루는 감각도 키우고, 상황에 맞춘 더 정확하고 빠른 계산을 할 수 있도록 하였습니다.

빼셈을 하더라도 두 가지 방법 모두 배우면 더 빠르고 정확하게 계산할 수 있어요!

안의 수를 10과 몇으로 가르고, □ 안에 알맞은 수를 써넣어 뺄셈식을 계산하세요.

01 11−8

10−8+ =

02 17−9

10−9+ =

뒤의 수를 갈라서 차가 10인 두 수를 만들고, □ 안에 알맞은 수를 써넣어 뺄셈식을 계산하세요.

01 16−8

16−6− =

02 15−8

15−5− =

교과셈이 추천하는

학습 계획

한 권의 교재는 32개 강의로 구성

한 개의 강의는 두 개 주제로 구성

매일 한 강의씩, 또는 한 개 주제씩 공부해 주세요.

☑ **매일 한 개 강의씩 공부한다면 32일 완성 과정**

복습을 하거나, 빠르게 책을 끝내고 싶은 아이들에게 추천합니다.

☑ **매일 한 개 주제씩 공부한다면 64일 완성 과정**

하루 한 장 꾸준히 하고 싶은 아이들에게 추천합니다.

❀ 성취도 확인표, 이렇게 확인하세요!

속도보다는 정확도가 중요하고, 정확도보다는 꾸준한 학습이 중요합니다! 꾸준히 할 수 있도록 하루 학습량을 적절하게 설정하여 꾸준히, 그리고 더 정확하게 풀면서 마지막으로 학습 속도도 높여 주세요!

채점하고 정답률을 계산해 성취도 확인표에 표시해 주세요. 복습할 때 정답률이 낮은 부분 위주로 하시면 됩니다. 한 장에 10분을 목표로 진행합니다. 단, 풀이 속도보다는 정답률을 높이는 것을 목표로 하여 학습을 지도해 주세요!

연계 교과

단원	연계 교과 단원	학습 내용
Part 1 분수의 나눗셈	6학년 1학기 · 1단원 분수의 나눗셈	· 몫이 분수인 자연수의 나눗셈 · (진분수)÷(자연수) · (대분수)÷(자연수) · 분수의 개수를 자연수로 나누기 POINT 5학년까지의 나눗셈은 나머지가 있었지만 이 단원에서부터 몫을 분수로 나타내면 나머지가 없을 수 있다는 점을 알고 분수의 나눗셈을 공부합니다. 나누는 수의 분모와 분자를 뒤집고, 나눗셈을 곱셈으로 고쳐서 계산하는 것은 기본이고, 상황에 따라 간편하게 생각할 수 있는 방법도 배웁니다.
Part 2 소수의 나눗셈	6학년 1학기 · 3단원 소수의 나눗셈	· 몫이 소수인 자연수의 나눗셈 · (소수)÷(자연수) · (소수)÷(자연수) 세로셈 POINT 복잡한 소수의 나눗셈은 세로셈으로 계산하고 소수점을 정확하게 찍는 것을 연습합니다. 간단한 소수의 나눗셈은 자연수의 나눗셈, 분수의 나눗셈으로 이해하는 원리를 소개하고, 간단하게 답을 내는 방법을 연습합니다.
Part 3 비와 비율	6학년 1학기 · 4단원 비와 비율	· 두 수의 비교 · 비와 비율 · 백분율 · 비율, 백분율의 활용 POINT 비, 비율, 백분율을 배우고, 연습은 속력, 인구 밀도, 소금물의 진하기 등 활용 개념까지 확장합니다.
Part 4 직육면체의 부피와 겉넓이	6학년 1학기 · 6단원 직육면체의 부피와 겉넓이	· 직육면체의 겉넓이 · 직육면체의 부피 · 부피의 단위 POINT 겉넓이를 구할 때 여섯 면의 넓이를 모두 구하지 않고 더 편리하게 계산할 수 있도록 했습니다. 부피의 단위를 바꾸는 것을 어려워하기 때문에 별도로 연습하도록 합니다.

자세히 보기

🌸 원리의 이해

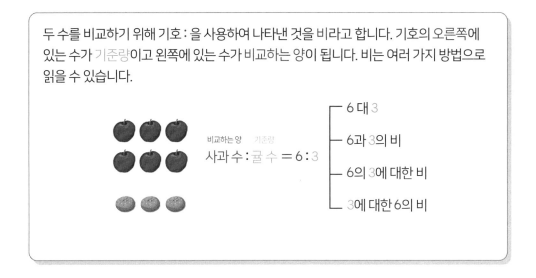

두 수를 비교하기 위해 기호 : 을 사용하여 나타낸 것을 비라고 합니다. 기호의 오른쪽에 있는 수가 기준량이고 왼쪽에 있는 수가 비교하는 양이 됩니다. 비는 여러 가지 방법으로 읽을 수 있습니다.

비교하는 양   기준량
사과 수 : 귤 수 = 6 : 3

— 6 대 3

— 6과 3의 비

— 6의 3에 대한 비

— 3에 대한 6의 비

식뿐만 아니라 그림도 최대한 활용하여 개념과 원리를 쉽게 이해할 수 있도록 하였습니다. 또한 캐릭터의 설명으로 원리에서 핵심만 요약했습니다.

🌸 단계화된 연습

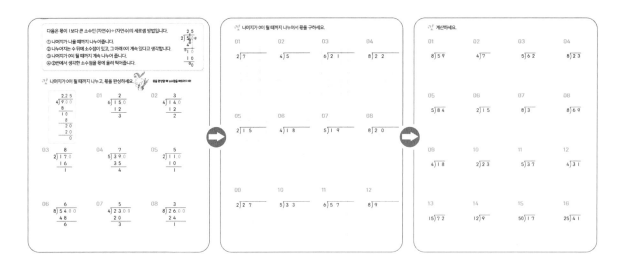

처음에는 원리에 따른 연산 방법을 따라서 연습하지만, 풀이 과정을 단계별로 단순화하고, 실전 연습까지 이어집니다.

🌸 다양한 연습

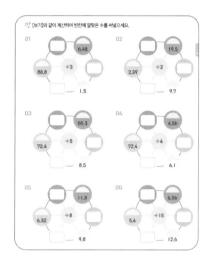
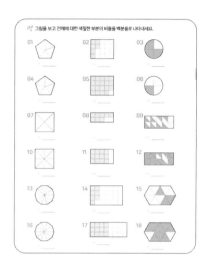

전형적인 형태의 연습 문제 위주로 집중 연습을 하지만 여러 형태의 문제도 다루면서 지루함을
최소화하도록 구성했습니다.

🌸 교과 확인

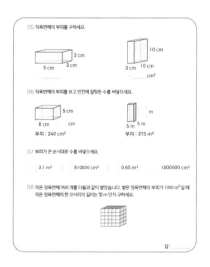

교과 유사 문제를 통해 성취도도 확인하고
교과 내용의 흐름도 파악합니다.

🌸 재미있는 퀴즈

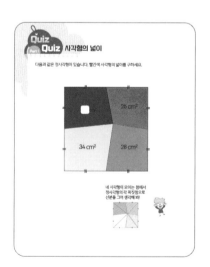

학년별 수준에 맞춘 알쏭달쏭 퀴즈를
풀면서 주위를 환기하고 다음 단원,
다음 권을 준비합니다.

분수의 나눗셈

$\div$(자연수)는 $\times \dfrac{1}{(자연수)}$과 같습니다.

그냥 세 묶음으로 묶어서 하나씩 나누어 가지면 되잖아! $24 \times \dfrac{1}{3}$을 계산하면 돼!

싸우지 마~ 둘이 똑같은 얘기야!

세 명이 똑같이 나누어 가지려면 $24 \div 3$을 하면 되겠다!

5÷2는 두 가지 상황으로 생각 할 수 있습니다.

상황 I. 2명이 장난감 5개 나누어 갖기	상황 2. 2명이 빵 5개 나누어 먹기
➡ 몫 : 2, 나머지 : I	➡ 몫 : 2개와 절반, 나머지 : 0

같은 나눗셈이지만 상황 2에서는 나머지가 없이 몫만 존재합니다. 이때의 몫은 분수로 나타낼 수 있습니다.

$$5÷2=\frac{5}{2}=2\frac{1}{2} ➡ ○÷▲=\frac{○}{▲}$$

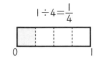

리본 I개를 4등분하면 $\frac{1}{4}$! 기억나지?

$$1÷4=\frac{1}{4}$$

빵을 똑같이 나누어 먹을 때, 한 사람이 먹는 양을 분수로 나타내세요.

01 I개   5명   ☐
☐

02 I개   4명   ☐
☐

03 5개   8명   ☐
☐

04 2개   7명   ☐
☐

05 3개   5명   ☐
☐

06 3개   4명   ☐
☐

07 7개   9명   ☐
☐

08 5개   6명   ☐
☐

09 4개   7명   ☐
☐

🐌 나눗셈의 몫을 분수로 나타내세요.

01 $2 \div 5 =$

02 $1 \div 6 =$

03 $3 \div 4 =$

04 $2 \div 7 =$

05 $3 \div 5 =$

06 $1 \div 8 =$

07 $2 \div 3 =$

08 $2 \div 9 =$

09 $3 \div 10 =$

10 $3 \div 8 =$

11 $5 \div 6 =$

12 $3 \div 7 =$

13 $4 \div 5 =$

14 $5 \div 9 =$

15 $7 \div 11 =$

16 $8 \div 13 =$

17 $5 \div 7 =$

18 $1 \div 12 =$

19 $7 \div 8 =$

20 $4 \div 9 =$

21 $9 \div 10 =$

몫이 분수인 자연수의 나눗셈

B ÷(자연수)가 분수의 분모가 돼요

🔑 리본을 똑같이 잘라 나누어 가질 때, 한 사람이 가지는 길이를 분수로 나타내세요.

01 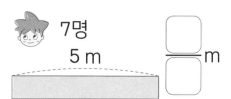 7명 5 m ☐/☐ m

02 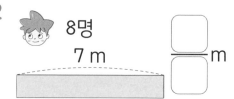 8명 7 m ☐/☐ m

03  10명 3 m ☐/☐ m

04  5명 3 m ☐/☐ m

05 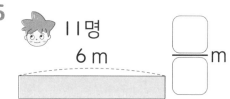 11명 6 m ☐/☐ m

06 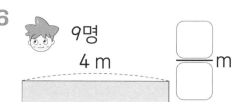 9명 4 m ☐/☐ m

07 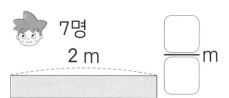 7명 2 m ☐/☐ m

08 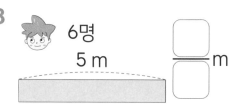 6명 5 m ☐/☐ m

09 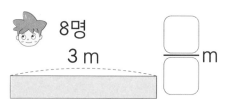 8명 3 m ☐/☐ m

10  9명 7 m ☐/☐ m

11  12명 5 m ☐/☐ m

12 10명 7 m ☐/☐ m

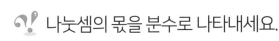 나눗셈의 몫을 분수로 나타내세요. 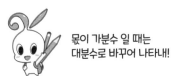 몫이 가분수 일 때는 대분수로 바꾸어 나타내!

1 PART

01 1÷4=

02 13÷6=

03 3÷8=

04 3÷5=

05 3÷10=

06 4÷13=

07 2÷7=

08 1÷8=

09 5÷9=

10 11÷10=

11 11÷4=

12 4÷15=

13 13÷9=

14 8÷11=

15 5÷7=

16 10÷7=

17 2÷9=

18 8÷15=

19 11÷13=

20 6÷11=

21 6÷7=

02 Ⓐ ÷(자연수)를 ×(분수)로 바꿀 수 있어요

÷(자연수)는 ×$\frac{1}{(자연수)}$과 같습니다.

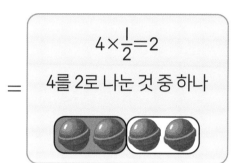

$$4 \div 2 = 2$$

4를 2로 나누기

$$=$$

$$4 \times \frac{1}{2} = 2$$

4를 2로 나눈 것 중 하나

따라서 (분수)÷(자연수)는 (분수)×$\frac{1}{(자연수)}$로 바꾸어 계산할 수 있습니다.

$$\frac{2}{3} \div 2 = \frac{\cancel{2}}{3} \times \frac{1}{\cancel{2}} = \frac{1}{3}$$

$$\frac{2}{5} \div 3 = \frac{2}{5} \times \frac{1}{3} = \frac{2}{15}$$

🔑 빈칸에 알맞은 수를 써넣으세요.

01 $\frac{5}{6} \div 2 = \frac{5}{6} \times \frac{\square}{\square} = \frac{\square}{\square}$

02 $\frac{3}{8} \div 4 = \frac{3}{8} \times \frac{\square}{\square} = \frac{\square}{\square}$

03 $\frac{4}{9} \div 6 = \frac{4}{9} \times \frac{\square}{\square} = \frac{\square}{\square}$

04 $\frac{6}{7} \div 3 = \frac{6}{7} \times \frac{\square}{\square} = \frac{\square}{\square}$

05 $\frac{4}{13} \div 8 = \frac{4}{13} \times \frac{\square}{\square} = \frac{\square}{\square}$

06 $\frac{7}{10} \div 2 = \frac{7}{10} \times \frac{\square}{\square} = \frac{\square}{\square}$

07 $\frac{7}{15} \div 5 = \frac{7}{15} \times \frac{\square}{\square} = \frac{\square}{\square}$

08 $\frac{6}{11} \div 4 = \frac{6}{11} \times \frac{\square}{\square} = \frac{\square}{\square}$

🐣 계산하여 기약분수로 나타내세요.

01 $\dfrac{1}{2} \div 3 =$　　　　02 $\dfrac{3}{8} \div 6 =$　　　　03 $\dfrac{4}{7} \div 2 =$

04 $\dfrac{5}{6} \div 2 =$　　　　05 $\dfrac{3}{4} \div 5 =$　　　　06 $\dfrac{2}{5} \div 8 =$

07 $\dfrac{6}{7} \div 3 =$　　　　08 $\dfrac{3}{5} \div 7 =$　　　　09 $\dfrac{5}{8} \div 6 =$

10 $\dfrac{11}{12} \div 3 =$　　　11 $\dfrac{9}{14} \div 3 =$　　　12 $\dfrac{7}{10} \div 4 =$

13 $\dfrac{5}{11} \div 15 =$　　　14 $\dfrac{7}{13} \div 2 =$　　　15 $\dfrac{10}{19} \div 2 =$

16 $\dfrac{5}{12} \div 3 =$　　　17 $\dfrac{9}{10} \div 8 =$　　　18 $\dfrac{18}{25} \div 6 =$

19 $\dfrac{3}{14} \div 7 =$　　　20 $\dfrac{7}{13} \div 3 =$　　　21 $\dfrac{8}{11} \div 4 =$

02 B 나눗셈을 곱셈으로 바꾸어 계산해요

🧮 계산하여 기약분수로 나타내세요.

01 $\dfrac{1}{4} \div 5 =$

02 $\dfrac{2}{7} \div 9 =$

03 $\dfrac{5}{8} \div 2 =$

04 $\dfrac{8}{9} \div 3 =$

05 $\dfrac{1}{3} \div 7 =$

06 $\dfrac{4}{9} \div 6 =$

07 $\dfrac{7}{9} \div 6 =$

08 $\dfrac{5}{7} \div 3 =$

09 $\dfrac{2}{5} \div 8 =$

10 $\dfrac{3}{10} \div 9 =$

11 $\dfrac{10}{13} \div 5 =$

12 $\dfrac{5}{12} \div 3 =$

13 $\dfrac{9}{16} \div 3 =$

14 $\dfrac{11}{15} \div 6 =$

15 $\dfrac{14}{17} \div 7 =$

16 $\dfrac{6}{7} \div 6 =$

17 $\dfrac{9}{14} \div 2 =$

18 $\dfrac{5}{16} \div 6 =$

19 $\dfrac{8}{15} \div 3 =$

20 $\dfrac{10}{19} \div 12 =$

21 $\dfrac{6}{13} \div 4 =$

1
PART

🎵 계산하여 기약분수로 나타내세요.

01 $\dfrac{5}{6} \div 6 =$

02 $\dfrac{3}{4} \div 9 =$

03 $\dfrac{1}{2} \div 7 =$

04 $\dfrac{4}{5} \div 8 =$

05 $\dfrac{7}{9} \div 3 =$

06 $\dfrac{4}{7} \div 2 =$

07 $\dfrac{6}{7} \div 4 =$

08 $\dfrac{8}{9} \div 8 =$

09 $\dfrac{3}{5} \div 10 =$

10 $\dfrac{9}{10} \div 12 =$

11 $\dfrac{13}{14} \div 2 =$

12 $\dfrac{8}{13} \div 10 =$

13 $\dfrac{8}{13} \div 4 =$

14 $\dfrac{14}{15} \div 6 =$

15 $\dfrac{3}{19} \div 9 =$

16 $\dfrac{14}{25} \div 21 =$

17 $\dfrac{6}{13} \div 7 =$

18 $\dfrac{14}{17} \div 8 =$

19 $\dfrac{4}{11} \div 10 =$

20 $\dfrac{8}{15} \div 4 =$

21 $\dfrac{3}{10} \div 6 =$

03 Ⓐ 대분수는 가분수로 바꾸어 계산해요

(대분수)÷(자연수)는 대분수를 가분수로, ÷(자연수)는 $\times \dfrac{1}{(자연수)}$로 바꾸어 계산할 수 있습니다.

$$1\frac{1}{3} \div 2 = \frac{\overset{2}{\cancel{4}}}{3} \times \frac{1}{\underset{1}{\cancel{2}}} = \frac{2}{3} \qquad\qquad 1\frac{1}{4} \div 3 = \frac{5}{4} \times \frac{1}{3} = \frac{5}{12}$$

🔔 빈칸에 알맞은 수를 써넣으세요.

01 $\quad 2\frac{1}{2} \div 3 = \dfrac{\square}{2} \times \dfrac{\square}{\square} = \dfrac{\square}{\square}$

02 $\quad 3\frac{3}{5} \div 4 = \dfrac{\square}{5} \times \dfrac{\square}{\square} = \dfrac{\square}{\square}$

03 $\quad 2\frac{1}{4} \div 6 = \dfrac{\square}{4} \times \dfrac{\square}{\square} = \dfrac{\square}{\square}$

04 $\quad 3\frac{1}{3} \div 4 = \dfrac{\square}{3} \times \dfrac{\square}{\square} = \dfrac{\square}{\square}$

05 $\quad 5\frac{1}{3} \div 7 = \dfrac{\square}{3} \times \dfrac{\square}{\square} = \dfrac{\square}{\square}$

06 $\quad 4\frac{4}{5} \div 6 = \dfrac{\square}{5} \times \dfrac{\square}{\square} = \dfrac{\square}{\square}$

07 $\quad 1\frac{3}{4} \div 2 = \dfrac{\square}{4} \times \dfrac{\square}{\square} = \dfrac{\square}{\square}$

08 $\quad 3\frac{5}{9} \div 8 = \dfrac{\square}{9} \times \dfrac{\square}{\square} = \dfrac{\square}{\square}$

09 $\quad 2\frac{3}{8} \div 5 = \dfrac{\square}{8} \times \dfrac{\square}{\square} = \dfrac{\square}{\square}$

10 $\quad 1\frac{5}{7} \div 9 = \dfrac{\square}{7} \times \dfrac{\square}{\square} = \dfrac{\square}{\square}$

😊 계산하여 기약분수로 나타내세요.

01 $3\frac{1}{4} \div 5 =$

02 $2\frac{5}{6} \div 3 =$

03 $4\frac{1}{6} \div 8 =$

04 $4\frac{2}{3} \div 8 =$

05 $1\frac{1}{9} \div 2 =$

06 $4\frac{2}{5} \div 6 =$

07 $6\frac{1}{8} \div 7 =$

08 $2\frac{5}{7} \div 6 =$

09 $5\frac{1}{3} \div 8 =$

10 $3\frac{1}{9} \div 5 =$

11 $6\frac{1}{6} \div 6 =$

12 $5\frac{5}{7} \div 2 =$

13 $2\frac{1}{3} \div 8 =$

14 $1\frac{6}{7} \div 9 =$

15 $3\frac{1}{6} \div 8 =$

16 $6\frac{2}{5} \div 6 =$

17 $3\frac{5}{6} \div 4 =$

18 $3\frac{3}{8} \div 6 =$

19 $6\frac{3}{4} \div 9 =$

20 $1\frac{1}{8} \div 5 =$

21 $4\frac{2}{5} \div 4 =$

03 B 대분수는 가분수로 바꾸어 약분해요

🎯 계산하여 기약분수로 나타내세요.

01 $4\frac{3}{8} \div 4 =$

02 $7\frac{3}{5} \div 5 =$

03 $4\frac{2}{9} \div 8 =$

04 $3\frac{5}{6} \div 2 =$

05 $3\frac{3}{8} \div 9 =$

06 $5\frac{1}{4} \div 6 =$

07 $2\frac{3}{4} \div 5 =$

08 $3\frac{3}{7} \div 4 =$

09 $5\frac{1}{3} \div 3 =$

10 $9\frac{4}{9} \div 5 =$

11 $6\frac{3}{4} \div 2 =$

12 $7\frac{2}{9} \div 6 =$

13 $2\frac{1}{6} \div 4 =$

14 $1\frac{6}{7} \div 4 =$

15 $4\frac{2}{7} \div 5 =$

16 $3\frac{1}{7} \div 7 =$

17 $2\frac{3}{8} \div 9 =$

18 $8\frac{2}{5} \div 3 =$

19 $6\frac{2}{7} \div 6 =$

20 $2\frac{1}{9} \div 3 =$

21 $5\frac{1}{4} \div 9 =$

🐌 계산하여 기약분수로 나타내세요.

01 $7\frac{1}{2} \div 5 =$

02 $3\frac{2}{7} \div 4 =$

03 $5\frac{1}{9} \div 3 =$

04 $3\frac{3}{5} \div 9 =$

05 $8\frac{1}{3} \div 5 =$

06 $5\frac{5}{6} \div 7 =$

07 $2\frac{5}{6} \div 6 =$

08 $4\frac{5}{8} \div 2 =$

09 $1\frac{2}{9} \div 3 =$

10 $6\frac{1}{6} \div 4 =$

11 $3\frac{6}{7} \div 6 =$

12 $4\frac{1}{2} \div 9 =$

13 $7\frac{5}{8} \div 3 =$

14 $4\frac{1}{5} \div 7 =$

15 $3\frac{5}{9} \div 4 =$

16 $5\frac{1}{2} \div 3 =$

17 $2\frac{1}{8} \div 2 =$

18 $4\frac{5}{7} \div 6 =$

19 $2\frac{7}{8} \div 5 =$

20 $7\frac{7}{9} \div 5 =$

21 $2\frac{4}{7} \div 4 =$

04 ⓐ ÷(자연수)를 ×(분수)로 바꾸어 계산해요

빈칸에 알맞은 기약분수를 써넣으세요.

01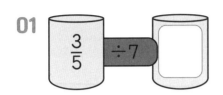

02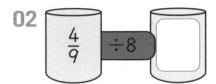

03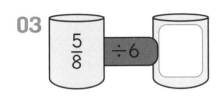

04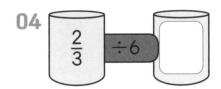

05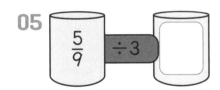

06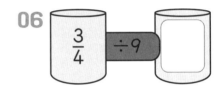

07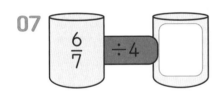

08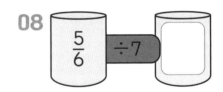

09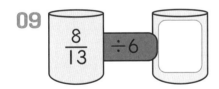

10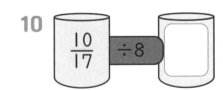

11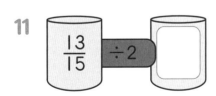

12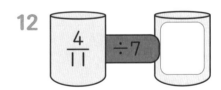

13 $\frac{9}{10} \div 6$

14 $\frac{15}{16} \div 10$

🎵 계산하여 기약분수로 나타내세요.

01 $\dfrac{4}{7} \div 4 =$

02 $\dfrac{7}{9} \div 3 =$

03 $\dfrac{5}{6} \div 15 =$

04 $\dfrac{9}{14} \div 6 =$

05 $\dfrac{15}{17} \div 10 =$

06 $\dfrac{7}{15} \div 7 =$

07 $\dfrac{8}{11} \div 4 =$

08 $\dfrac{11}{16} \div 2 =$

09 $\dfrac{12}{13} \div 3 =$

10 $5\dfrac{2}{3} \div 5 =$

11 $2\dfrac{1}{8} \div 4 =$

12 $5\dfrac{1}{3} \div 7 =$

13 $8\dfrac{2}{5} \div 4 =$

14 $8\dfrac{4}{9} \div 6 =$

15 $1\dfrac{7}{8} \div 3 =$

16 $5\dfrac{1}{8} \div 4 =$

17 $5\dfrac{3}{5} \div 8 =$

18 $1\dfrac{1}{2} \div 5 =$

19 $2\dfrac{3}{7} \div 3 =$

20 $4\dfrac{2}{5} \div 2 =$

21 $3\dfrac{1}{7} \div 4 =$

(분수)÷(자연수) 연습
곱하기 전 약분을 먼저 하는 습관을 길러요

빈칸에 알맞은 기약분수를 써넣으세요.

01

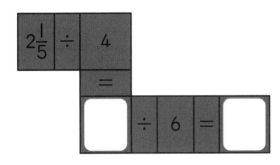

02

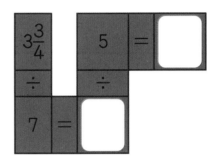

03

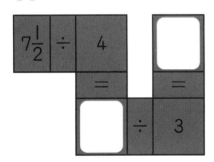

04

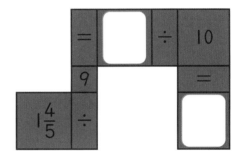

05

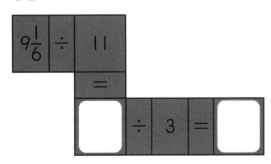

06

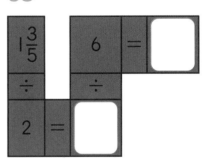

07

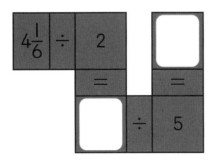

08

🐌 계산하여 기약분수로 나타내세요.

01 $\frac{3}{8} \div 9 =$

02 $\frac{2}{5} \div 6 =$

03 $\frac{6}{7} \div 5 =$

04 $\frac{7}{10} \div 21 =$

05 $\frac{9}{14} \div 4 =$

06 $\frac{5}{11} \div 2 =$

07 $\frac{13}{16} \div 5 =$

08 $\frac{6}{19} \div 3 =$

09 $\frac{14}{15} \div 7 =$

10 $6\frac{4}{5} \div 8 =$

11 $6\frac{4}{7} \div 9 =$

12 $3\frac{5}{9} \div 8 =$

13 $1\frac{2}{9} \div 4 =$

14 $5\frac{5}{6} \div 7 =$

15 $8\frac{2}{7} \div 6 =$

16 $1\frac{1}{9} \div 6 =$

17 $6\frac{3}{8} \div 9 =$

18 $2\frac{2}{7} \div 3 =$

19 $4\frac{1}{2} \div 3 =$

20 $6\frac{4}{7} \div 8 =$

21 $8\frac{1}{6} \div 14 =$

분자가 자연수의 배수라면 더욱 편리하게 계산할 수 있어요

(진분수)÷(자연수)는 분자를 자연수로 나누어 계산할 수 있습니다. 분자가 자연수로 나누어떨어질 때 사용하면 편리합니다.

$$\frac{6}{7} \div 3 = \frac{6 \div 3}{7} = \frac{2}{7} \longrightarrow \frac{\bigcirc}{\triangle} \div \blacksquare = \frac{\bigcirc \div \blacksquare}{\triangle}$$

피자 $\frac{1}{7}$조각 6개를 3명이 나누어 먹기

→ $\frac{1}{7}$조각 2개씩

✏️ 빈칸에 알맞은 수를 써넣으세요.

 분자가 자연수로 나누어떨어질 땐 이 방법이 훨씬 간편해!

01
$$\frac{4}{7} \div 2 = \frac{\boxed{} \div 2}{\boxed{}} = \frac{\boxed{}}{\boxed{}}$$

02
$$\frac{8}{9} \div 2 = \frac{\boxed{} \div 2}{\boxed{}} = \frac{\boxed{}}{\boxed{}}$$

03
$$\frac{10}{11} \div 5 = \frac{\boxed{} \div 5}{\boxed{}} = \frac{\boxed{}}{\boxed{}}$$

04
$$\frac{9}{13} \div 3 = \frac{\boxed{} \div 3}{\boxed{}} = \frac{\boxed{}}{\boxed{}}$$

(대분수)÷(자연수)는 대분수를 가분수로 바꾼 뒤, 같은 방법으로 계산할 수 있습니다.

$$1\frac{1}{3} \div 2 = \frac{4}{3} \div 2 = \frac{4 \div 2}{3} = \frac{2}{3}$$

✏️ 빈칸에 알맞은 수를 써넣으세요.

05
$$1\frac{1}{9} \div 5 = \frac{\boxed{}}{\boxed{}} \div 5 = \frac{\boxed{} \div 5}{\boxed{}} = \frac{\boxed{}}{\boxed{}}$$

06
$$2\frac{2}{5} \div 4 = \frac{\boxed{}}{\boxed{}} \div 4 = \frac{\boxed{} \div 4}{\boxed{}} = \frac{\boxed{}}{\boxed{}}$$

07
$$1\frac{5}{7} \div 3 = \frac{\boxed{}}{\boxed{}} \div 3 = \frac{\boxed{} \div 3}{\boxed{}} = \frac{\boxed{}}{\boxed{}}$$

08
$$4\frac{3}{8} \div 7 = \frac{\boxed{}}{\boxed{}} \div 7 = \frac{\boxed{} \div 7}{\boxed{}} = \frac{\boxed{}}{\boxed{}}$$

🎵 계산하여 기약분수로 나타내세요.

01 $\frac{8}{9} \div 4 =$

02 $\frac{4}{5} \div 2 =$

03 $\frac{7}{8} \div 7 =$

04 $\frac{9}{10} \div 3 =$

05 $\frac{10}{13} \div 5 =$

06 $\frac{16}{21} \div 8 =$

07 $\frac{8}{11} \div 2 =$

08 $\frac{12}{17} \div 3 =$

09 $\frac{6}{11} \div 2 =$

10 $1\frac{1}{2} \div 3 =$

11 $3\frac{1}{5} \div 4 =$

12 $2\frac{5}{8} \div 7 =$

13 $3\frac{3}{7} \div 2 =$

14 $6\frac{2}{3} \div 5 =$

15 $1\frac{7}{9} \div 4 =$

16 $2\frac{2}{3} \div 8 =$

17 $5\frac{1}{4} \div 3 =$

18 $4\frac{4}{5} \div 6 =$

19 $2\frac{1}{7} \div 5 =$

20 $1\frac{1}{3} \div 2 =$

21 $5\frac{2}{5} \div 9 =$

05 Ⓑ 분자가 자연수의 배수가 되도록 분수를 바꾸어요

분자가 자연수로 나누어떨어지지 않을 때에는 분자가 자연수의 배수가 되도록 분모와 분자에 같은 수를 곱한 뒤, 분자를 자연수로 나누어 계산할 수 있습니다.

$$\frac{3}{5} \div 2 = \boxed{\frac{3 \times 2}{5 \times 2}} \div 2 = \frac{6 \div 2}{10} = \frac{3}{10}$$

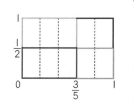

$\boxed{\frac{3 \times 2}{5 \times 2}}$ → $\frac{3}{5}$과 크기가 같고 분자가 2의 배수인 분수

🖊 빈칸에 알맞은 수를 써넣으세요.

01
$$\frac{5}{6} \div 3 = \frac{\boxed{}}{18} \div 3 = \frac{\boxed{} \div 3}{18} = \frac{\boxed{}}{\boxed{}}$$

02
$$\frac{4}{7} \div 5 = \frac{\boxed{}}{35} \div 5 = \frac{\boxed{} \div 5}{35} = \frac{\boxed{}}{\boxed{}}$$

03
$$\frac{3}{4} \div 2 = \frac{\boxed{}}{8} \div 2 = \frac{\boxed{} \div 2}{8} = \frac{\boxed{}}{\boxed{}}$$

04
$$\frac{2}{9} \div 7 = \frac{\boxed{}}{63} \div 7 = \frac{\boxed{} \div 7}{63} = \frac{\boxed{}}{\boxed{}}$$

(대분수)÷(자연수)는 대분수를 가분수로 바꾼 뒤, 같은 방법으로 계산할 수 있습니다.

$$1\frac{2}{3} \div 2 = \boxed{\frac{5 \times 2}{3 \times 2}} \div 2 = \frac{10 \div 2}{6} = \frac{5}{6}$$

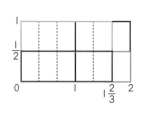

$\boxed{\frac{5 \times 2}{3 \times 2}}$ → $1\frac{2}{3}$와 크기가 같고 분자가 2의 배수인 분수

🖊 빈칸에 알맞은 수를 써넣으세요.

05
$$2\frac{1}{3} \div 3 = \frac{\boxed{}}{9} \div 3 = \frac{\boxed{} \div 3}{9} = \frac{\boxed{}}{\boxed{}}$$

06
$$1\frac{3}{8} \div 6 = \frac{\boxed{}}{48} \div 6 = \frac{\boxed{} \div 6}{48} = \frac{\boxed{}}{\boxed{}}$$

07
$$1\frac{4}{7} \div 4 = \frac{\boxed{}}{28} \div 4 = \frac{\boxed{} \div 4}{28} = \frac{\boxed{}}{\boxed{}}$$

08
$$2\frac{2}{5} \div 7 = \frac{\boxed{}}{35} \div 7 = \frac{\boxed{} \div 7}{35} = \frac{\boxed{}}{\boxed{}}$$

분자가 자연수로 나누어떨어지지 않을 땐
나눗셈을 곱셈으로 바꾸어 푸는 게 편해!

1
PART

🐰 계산하여 기약분수로 나타내세요.

01 $\frac{3}{5} \div 4 =$

02 $\frac{5}{8} \div 3 =$

03 $\frac{8}{9} \div 5 =$

04 $\frac{7}{12} \div 5 =$

05 $\frac{9}{10} \div 7 =$

06 $\frac{7}{11} \div 4 =$

07 $\frac{6}{13} \div 5 =$

08 $\frac{11}{17} \div 6 =$

09 $\frac{3}{10} \div 8 =$

10 $4\frac{2}{3} \div 3 =$

11 $3\frac{5}{8} \div 9 =$

12 $6\frac{1}{7} \div 8 =$

13 $1\frac{2}{9} \div 2 =$

14 $6\frac{1}{4} \div 4 =$

15 $3\frac{3}{4} \div 7 =$

16 $4\frac{5}{9} \div 6 =$

17 $1\frac{4}{5} \div 8 =$

18 $7\frac{1}{4} \div 6 =$

19 $6\frac{4}{9} \div 5 =$

20 $3\frac{2}{7} \div 9 =$

21 $3\frac{1}{4} \div 3 =$

🎵 계산하여 기약분수로 나타내세요.

 수에 따라 다양한 계산 방법으로 풀어 봐!

01 $\dfrac{5}{6} \div 3 =$

02 $\dfrac{4}{9} \div 2 =$

03 $3 \div 7 =$

04 $\dfrac{10}{11} \div 5 =$

05 $\dfrac{12}{17} \div 6 =$

06 $\dfrac{13}{20} \div 2 =$

07 $\dfrac{7}{10} \div 3 =$

08 $18 \div 4 =$

09 $\dfrac{15}{16} \div 9 =$

10 $2\dfrac{2}{3} \div 6 =$

11 $2\dfrac{3}{8} \div 4 =$

12 $5\dfrac{1}{3} \div 4 =$

13 $8\dfrac{5}{6} \div 3 =$

14 $27 \div 7 =$

15 $6\dfrac{1}{2} \div 4 =$

16 $29 \div 8 =$

17 $1\dfrac{2}{7} \div 3 =$

18 $6\dfrac{1}{3} \div 2 =$

19 $3\dfrac{5}{9} \div 4 =$

20 $3\dfrac{1}{8} \div 5 =$

21 $7\dfrac{4}{5} \div 3 =$

1
PART

🗣️ 계산하여 기약분수로 나타내세요.

01 $\dfrac{5}{7} \div 5 =$

02 $\dfrac{3}{8} \div 6 =$

03 $4 \div 5 =$

04 $\dfrac{7}{12} \div 14 =$

05 $\dfrac{18}{19} \div 6 =$

06 $\dfrac{9}{14} \div 5 =$

07 $16 \div 3 =$

08 $\dfrac{8}{11} \div 4 =$

09 $\dfrac{10}{13} \div 2 =$

10 $2\dfrac{5}{6} \div 9 =$

11 $8\dfrac{1}{2} \div 7 =$

12 $5\dfrac{3}{4} \div 3 =$

13 $5\dfrac{5}{7} \div 2 =$

14 $7\dfrac{3}{4} \div 6 =$

15 $19 \div 9 =$

16 $7\dfrac{1}{2} \div 5 =$

17 $3\dfrac{4}{5} \div 2 =$

18 $8\dfrac{1}{7} \div 4 =$

19 $28 \div 5 =$

20 $1\dfrac{6}{7} \div 7 =$

21 $3\dfrac{3}{8} \div 9 =$

06 Ⓑ 둘레를 변의 수로 나누어 구해요

🔔 다음은 정다각형과 그 둘레입니다. 정다각형의 한 변의 길이를 기약분수로 나타내세요.

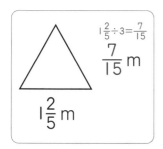

$1\frac{2}{5} \div 3 = \frac{7}{15}$

$\frac{7}{15}$ m

$1\frac{2}{5}$ m

01

☐ m

$\frac{2}{3}$ m

02

☐ m

$6\frac{3}{7}$ m

03

☐ m

$2\frac{5}{7}$ m

04

☐ m

7 m

05

☐ m

$3\frac{1}{5}$ m

06

☐ m

$9\frac{4}{7}$ m

07

☐ m

$\frac{3}{8}$ m

08

☐ m

12 m

09

☐ m

47 m

10

☐ m

$5\frac{2}{9}$ m

11

☐ m

$9\frac{3}{7}$ m

12

☐ m

30 m

13

☐ m

$6\frac{2}{5}$ m

14

☐ m

$\frac{2}{5}$ m

🐾 다음은 정다각형과 그 둘레입니다. 정다각형의 한 변의 길이를 기약분수로 나타내세요.

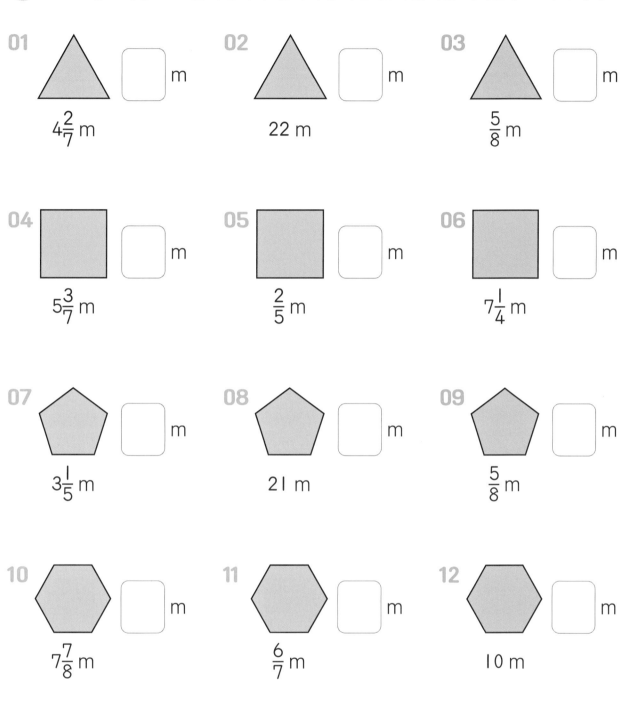

01 $\boxed{}$ m

$4\dfrac{2}{7}$ m

02 $\boxed{}$ m

22 m

03 $\boxed{}$ m

$\dfrac{5}{8}$ m

04 $\boxed{}$ m

$5\dfrac{3}{7}$ m

05 $\boxed{}$ m

$\dfrac{2}{5}$ m

06 $\boxed{}$ m

$7\dfrac{1}{4}$ m

07 $\boxed{}$ m

$3\dfrac{1}{5}$ m

08 $\boxed{}$ m

21 m

09 $\boxed{}$ m

$\dfrac{5}{8}$ m

10 $\boxed{}$ m

$7\dfrac{7}{8}$ m

11 $\boxed{}$ m

$\dfrac{6}{7}$ m

12 $\boxed{}$ m

10 m

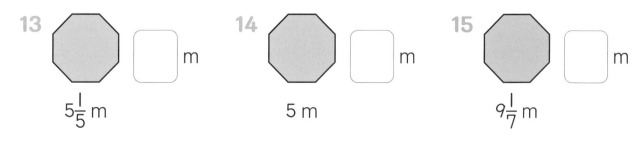

13 $\boxed{}$ m

$5\dfrac{1}{5}$ m

14 $\boxed{}$ m

5 m

15 $\boxed{}$ m

$9\dfrac{1}{7}$ m

07 Ⓐ 한 조각의 넓이를 먼저 구해요

분수의 나눗셈 연습 2

다음은 정다각형과 그 넓이입니다. 정다각형을 똑같이 나누었을 때 색칠한 부분의 넓이를 기약분수로 나타내세요.

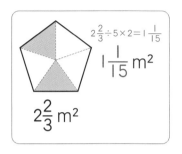

$2\frac{2}{3} \div 5 \times 2 = 1\frac{1}{15}$

$1\frac{1}{15}$ m²

$2\frac{2}{3}$ m²

01 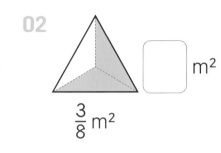 m²

$1\frac{2}{7}$ m²

02 m²

$\frac{3}{8}$ m²

03 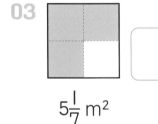 m²

$5\frac{1}{7}$ m²

04 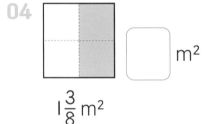 m²

$1\frac{3}{8}$ m²

05 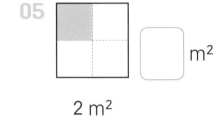 m²

2 m²

06 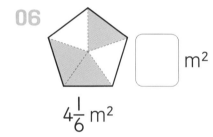 m²

$4\frac{1}{6}$ m²

07 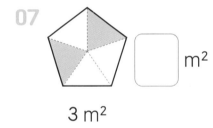 m²

3 m²

08 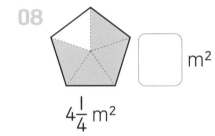 m²

$4\frac{1}{4}$ m²

09 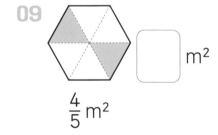 m²

$\frac{4}{5}$ m²

10 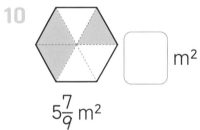 m²

$5\frac{7}{9}$ m²

11 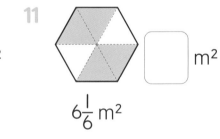 m²

$6\frac{1}{6}$ m²

12 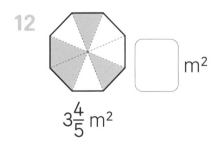 m²

$3\frac{4}{5}$ m²

13 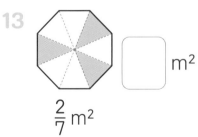 m²

$\frac{2}{7}$ m²

14 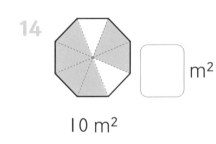 m²

10 m²

🐛 다음은 정다각형과 그 넓이입니다. 정다각형을 똑같이 나누었을 때 색칠한 부분의 넓이를 기약분수로 나타내세요.

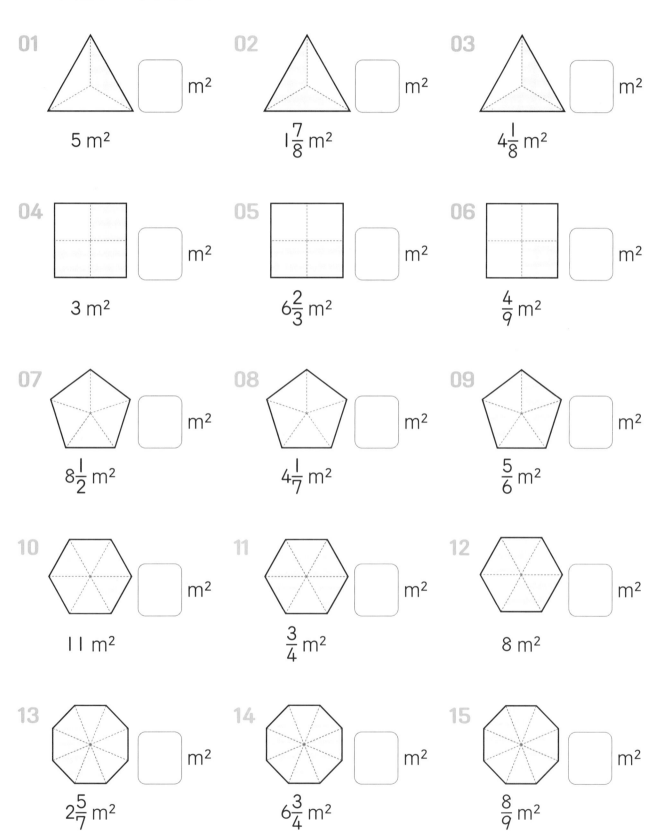

01 ☐ m²

5 m²

02 ☐ m²

$1\frac{7}{8}$ m²

03 ☐ m²

$4\frac{1}{8}$ m²

04 ☐ m²

3 m²

05 ☐ m²

$6\frac{2}{3}$ m²

06 ☐ m²

$\frac{4}{9}$ m²

07 ☐ m²

$8\frac{1}{2}$ m²

08 ☐ m²

$4\frac{1}{7}$ m²

09 ☐ m²

$\frac{5}{6}$ m²

10 ☐ m²

11 m²

11 ☐ m²

$\frac{3}{4}$ m²

12 ☐ m²

8 m²

13 ☐ m²

$2\frac{5}{7}$ m²

14 ☐ m²

$6\frac{3}{4}$ m²

15 ☐ m²

$\frac{8}{9}$ m²

이런 문제를 다루어요

01 나눗셈식을 그림으로 나타내고, 몫을 구하세요.

$$1 \div 5 = \frac{\Box}{\Box}$$

$$3 \div 7 = \frac{\Box}{\Box}$$

02 리본을 똑같이 잘라 나누어 가질 때, 한 사람이 가지는 길이를 분수로 나타내세요.

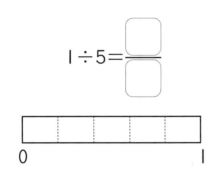

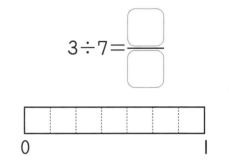

03 빈칸에 알맞은 수를 써넣으세요.

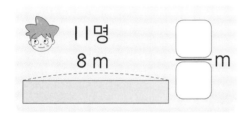

$$\frac{2}{5} \div 6 = \frac{\Box}{15} \div 6 = \frac{\Box \div 6}{15} = \frac{\Box}{\Box}$$

$$1\frac{1}{4} \div 2 = \frac{\Box}{8} \div 2 = \frac{\Box \div 2}{8} = \frac{\Box}{\Box}$$

04 다음은 정다각형과 그 넓이입니다. 정다각형을 똑같이 나누었을 때 색칠한 부분의 넓이를 구하세요.

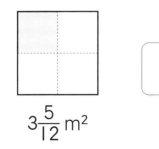

$$3\frac{5}{12} \ m^2$$

$$\Box \ m^2$$

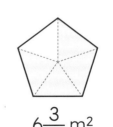

$$6\frac{3}{10} \ m^2$$

$$\Box \ m^2$$

05 빈칸에 알맞은 수를 써넣으세요.

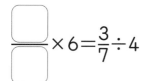

$$\frac{\square}{\square} \times 6 = \frac{3}{7} \div 4$$

$$\frac{\square}{\square} \times 5 = \frac{5}{6} \div 9$$

06 끈 $3\frac{9}{10}$ m로 신문 5묶음을 묶었습니다. 신문 한 묶음을 묶는 데 쓰인 끈의 길이를 구하세요.

답 : _____ m

07 오렌지주스 $5\frac{2}{3}$ L를 10명이 똑같이 나누어 마셨습니다. 한 명이 마신 오렌지주스의 양을 구하세요.

답 : _____ L

08 어떤 자연수를 3으로 나누어야 할 것을 잘못하여 곱했더니 $6\frac{3}{8}$이 나왔습니다. 바르게 계산하면 얼마인지 그 몫을 구하세요.

답 : _____

다음과 같은 정사각형이 있습니다. 빨간색 사각형의 넓이를 구하세요.

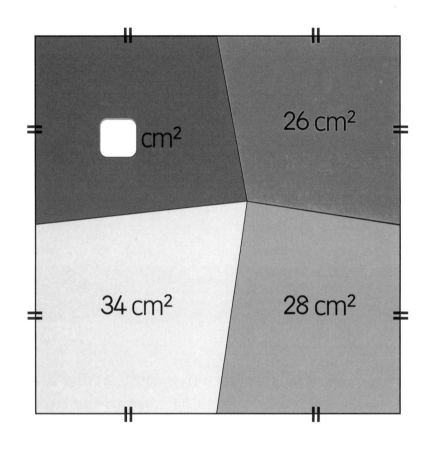

네 사각형이 모이는 점에서
정사각형의 각 꼭짓점으로
선분을 그어 생각해 봐!

소수의 나눗셈

① 차시별로 정답률을 확인하고, 성취도에 ○표 하세요.

😊 80% 이상 맞혔어요. 😐 60%~80% 맞혔어요. 😢 60% 이하 맞혔어요.

차시	단원	성취도		
8	몫이 소수인 자연수의 나눗셈 세로셈	😊	😐	😢
9	몫이 소수인 자연수의 나눗셈 세로셈 연습	😊	😐	😢
10	몫이 소수인 자연수의 나눗셈 이해	😊	😐	😢
11	(소수)÷(자연수) 세로셈	😊	😐	😢
12	(소수)÷(자연수) 세로셈 연습 1	😊	😐	😢
13	(소수)÷(자연수) 세로셈 연습 2	😊	😐	😢
14	(소수)÷(자연수) 이해	😊	😐	😢
15	소수의 나눗셈 어림하기	😊	😐	😢
16	소수의 나눗셈 연습 1	😊	😐	😢
17	소수의 나눗셈 연습 2	😊	😐	😢

소수점 아래로 0을 계속 내려 나머지가 없을 때까지 나눌 수 있습니다.

08 Ⓐ 나머지가 없을 때까지 나눠요

다음은 몫이 1보다 큰 소수인 (자연수)÷(자연수)의 세로셈 방법입니다.

① 나머지가 나올 때까지 나누어 줍니다.
② 나누어지는 수 뒤에 소수점이 있고, 그 아래 0이 계속 있다고 생각합니다.
③ 나머지가 0이 될 때까지 계속 나누어 줍니다.
④ ②번에서 생각한 소수점을 몫에 올려 찍어 줍니다.

나머지가 0이 될 때까지 나누고, 몫을 완성하세요.   몫을 완성할 때 소수점을 빠트리지 마!

```
      2.2 5
  4 ) 9.0 0
      8
    ─────
    1 0
      8
    ─────
      2 0
      2 0
    ─────
        0
```

01
```
        2
  6 ) 1 5.0
     1 2
    ─────
        3
```

02
```
        3
  4 ) 1 4.0
     1 2
    ─────
        2
```

03
```
        8
  2 ) 1 7.0
     1 6
    ─────
        1
```

04
```
        7
  5 ) 3 9.0
     3 5
    ─────
        4
```

05
```
        5
  2 ) 1 1.0
     1 0
    ─────
        1
```

06
```
          6
  8 ) 5 4.0 0
     4 8
    ─────
        6
```

07
```
          5
  4 ) 2 3.0 0
     2 0
    ─────
        3
```

08
```
          3
  8 ) 2 6.0 0
     2 4
    ─────
        2
```

💡 나머지가 0이 될 때까지 나누어서 몫을 구하세요. 칸을 잘 맞춰서 계산해 보자!

2 PART

01

02

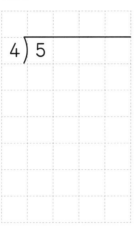

03

04

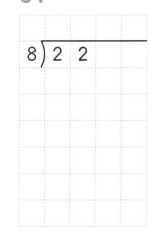

05

06

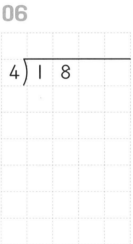

07

08

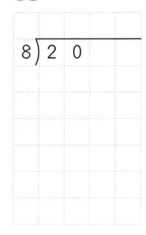

09

10

11

12

08 Ⓑ 몫에 0을 먼저 쓰고 계산해요

다음은 몫이 1보다 작은 소수인 (자연수)÷(자연수)의 세로셈 방법입니다.

① 작은 수를 큰 수로 나눌 수 없으므로 몫의 자연수 자리에 0을 씁니다.

② 나누어지는 수 뒤에 소수점이 있고, 그 아래 0이 계속 있다고 생각합니다.

③ 나머지가 0이 될 때까지 계속 나누어 줍니다.

④ ②번에서 생각한 소수점을 몫에 올려 찍어 줍니다.

```
    ①0.2 5
4) 1.0 0 0②
   ④
    8
    2 0
    2 0
   ③0
```

🐰 나머지가 0이 될 때까지 나누고, 몫을 완성하세요.

소수점 앞에 0을 빠트리지 않도록 주의해!

```
    0.3 7 5
8) 3.0 0 0
   2 4
     6 0
     5 6
       4 0
       4 0
         0
```

01
```
      6
8) 5.0 0 0
   4 8
     2
```

02
```
      2
4) 1.0 0
   8
   2
```

03
```
      7
8) 6.0 0
   5 6
     4
```

04
```
       2
12) 3.0 0
    2 4
      6
```

05
```
      1
8) 1.0 0 0
   8
   2
```

06
```
       3
25) 8.0 0
    7 5
      5
```

07
```
      8
8) 7.0 0 0
   6 4
     6
```

08
```
       3
24) 9.0 0 0
    7 2
    1 8
```

🎈 나머지가 0이 될 때까지 나누어서 몫을 구하세요.

01

5) 4

02

8) 2

03

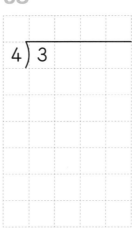

4) 3

04

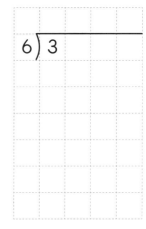

6) 3

05

8) 5

06

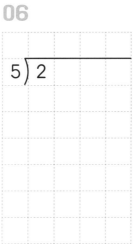

5) 2

07

8) 7

08

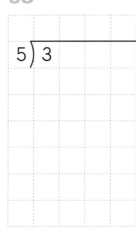

5) 3

09

24) 3

10

16) 6

11

20) 9

12

25) 7

✏️ 계산하세요.

01

02

03

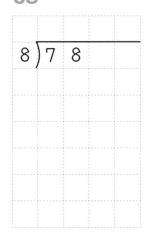

04

$4\overline{)79}$

05

06

07

08

$25\overline{)9}$

09

10

11

12

$10\overline{)3}$

🎯 계산하세요.

01

$12\overline{)9}$

02

$5\overline{)2}$

03

$8\overline{)5}$

04

$4\overline{)7}$

05

$25\overline{)5}$

06

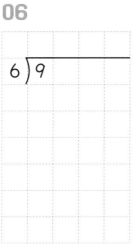

$6\overline{)9}$

07

$8\overline{)8\ 4}$

08

$2\overline{)6\ 1}$

09

$16\overline{)2}$

10

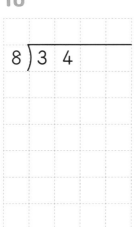

$8\overline{)3\ 4}$

11

$14\overline{)3\ 5}$

12

$5\overline{)5\ 8}$

🎙 계산하세요.

01

$8\overline{)6\ 3}$

02

$4\overline{)5\ 1}$

03

$2\overline{)3\ 5}$

04

$5\overline{)7\ 2}$

05

$2\overline{)4\ 5}$

06

$5\overline{)2\ 4}$

07

$8\overline{)1\ 4}$

08

$6\overline{)8\ 7}$

09

$5\overline{)8\ 3}$

10

$8\overline{)5\ }$

11

$6\overline{)3\ 3}$

12

$8\overline{)1\ 1}$

13

$10\overline{)3\ 3}$

14

$25\overline{)1\ 7}$

15

$20\overline{)7\ }$

16

$16\overline{)2\ 6}$

😀 계산하세요.

2 PART

01

8)5 9

02

4)7

03

5)6 2

04

8)2 3

05

5)8 4

06

2)1 5

07

8)3

08

8)6 9

09

4)1 8

10

2)2 3

11

5)3 7

12

4)3 1

13

15)7 2

14

12)9

15

50)1 7

16

25)4 1

몫을 분수로 나타내어 생각해요

몫이 소수인 자연수의 나눗셈은 몫을 분수로 나타내어 이해할 수 있습니다.

몫을 분수로 나타내면

$$4 \div 5 = \dfrac{4}{5}$$

$$3 \div 4 = \dfrac{3}{4}$$

소수로도 나타낼 수 있지!

$$\dfrac{4}{5} = \dfrac{4 \times 2}{5 \times 2} = \dfrac{8}{10} = \boxed{0.8}$$

$$\dfrac{3}{4} = \dfrac{3 \times 25}{4 \times 25} = \dfrac{75}{100} = \boxed{0.75}$$

🗨️ 빈칸에 알맞은 수를 써넣어 나눗셈의 몫을 소수로 나타내세요.

 분모를 10, 100, 1000으로 고치기 쉬울 때는 이렇게 계산하는 것도 좋은 방법이야!

01
$$5 \div 2 = \dfrac{\Box}{\Box} = \dfrac{\Box \times \Box}{\Box \times \Box} = \dfrac{\Box}{10} = \Box$$

02
$$3 \div 5 = \dfrac{\Box}{\Box} = \dfrac{\Box \times \Box}{\Box \times \Box} = \dfrac{\Box}{10} = \Box$$

03
$$9 \div 4 = \dfrac{\Box}{\Box} = \dfrac{\Box \times \Box}{\Box \times \Box} = \dfrac{\Box}{100} = \Box$$

04
$$7 \div 25 = \dfrac{\Box}{\Box} = \dfrac{\Box \times \Box}{\Box \times \Box} = \dfrac{\Box}{100} = \Box$$

05
$$9 \div 20 = \dfrac{\Box}{\Box} = \dfrac{\Box \times \Box}{\Box \times \Box} = \dfrac{\Box}{100} = \Box$$

06
$$11 \div 8 = \dfrac{\Box}{\Box} = \dfrac{\Box \times \Box}{\Box \times \Box} = \dfrac{\Box}{1000} = \Box$$

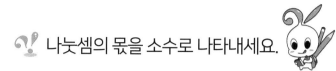 나눗셈의 몫을 소수로 나타내세요. 수에 따라 가로셈이 더 편리할 때가 있어!

2 PART

01 $7 \div 5 =$

02 $11 \div 5 =$

03 $7 \div 2 =$

04 $1 \div 2 =$

05 $7 \div 4 =$

06 $3 \div 4 =$

07 $13 \div 20 =$

08 $7 \div 20 =$

09 $4 \div 25 =$

10 $17 \div 25 =$

11 $29 \div 50 =$

12 $13 \div 50 =$

13 $7 \div 8 =$

14 $19 \div 8 =$

15 $3 \div 40 =$

16 $9 \div 40 =$

10 Ⓑ 묷이 자연수일 때와 비교하여 생각해요

묷이 소수인 자연수의 나눗셈은 묷이 자연수일 때와 비교하여 이해할 수 있습니다.

$\frac{1}{10}$배$\left(\begin{array}{l}40 \div 5 = 8 \\ 4 \div 5 = 0.8\end{array}\right.$$\frac{1}{10}$배

나누어지는 수가 $\frac{1}{10}$배 되었으니까
계산 결과도 $\frac{1}{10}$배 된 거야!

🖍 빈칸에 알맞은 수를 써넣어 나눗셈의 몫을 소수로 나타내세요.

01 $10 \div 2 = 5$

$1 \div 2 = \boxed{}$ $\dfrac{\boxed{}}{\boxed{}}$배

02 $40 \div 5 = 8$

$4 \div 5 = \boxed{}$ $\dfrac{\boxed{}}{\boxed{}}$배

03 $80 \div 20 = 4$

$8 \div 20 = \boxed{}$ $\dfrac{\boxed{}}{\boxed{}}$배

04 $70 \div 5 = 14$

$7 \div 5 = \boxed{}$ $\dfrac{\boxed{}}{\boxed{}}$배

05 $80 \div 16 = 5$

$8 \div 16 = \boxed{}$ $\dfrac{\boxed{}}{\boxed{}}$배

06 $90 \div 45 = 2$

$9 \div 45 = \boxed{}$ $\dfrac{\boxed{}}{\boxed{}}$배

07 $300 \div 4 = 75$

$3 \div 4 = \boxed{}$ $\dfrac{\boxed{}}{\boxed{}}$배

08 $1400 \div 40 = 35$

$14 \div 40 = \boxed{}$ $\dfrac{\boxed{}}{\boxed{}}$배

09 $800 \div 25 = 32$

$8 \div 25 = \boxed{}$ $\dfrac{\boxed{}}{\boxed{}}$배

10 $1300 \div 20 = 65$

$13 \div 20 = \boxed{}$ $\dfrac{\boxed{}}{\boxed{}}$배

🐰 나눗셈의 몫을 소수로 나타내세요.

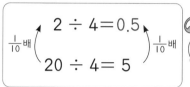

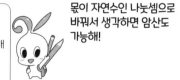

01 $2 \div 5 =$

02 $8 \div 16 =$

03 $2 \div 4 =$

04 $7 \div 2 =$

05 $8 \div 5 =$

06 $10 \div 4 =$

07 $15 \div 2 =$

08 $9 \div 5 =$

09 $13 \div 2 =$

10 $4 \div 25 =$

11 $7 \div 50 =$

12 $9 \div 12 =$

13 $6 \div 40 =$

14 $13 \div 20 =$

15 $8 \div 32 =$

11 Ⓐ 소수를 자연수로 생각하고 계산해요

다음은 몫이 1보다 큰 소수인 (소수)÷(자연수)의 세로셈 방법입니다.

① 소수를 자연수로 생각하고 나머지가 나올 때까지 나누어 줍니다.

② 소수 뒤에 0이 계속 있다 생각하고 나머지가 0이 될 때까지 나누어 줍니다.

③ 소수의 소수점을 몫에 올려 찍어 줍니다.

21÷2라고 생각하고 계산한 다음 소수점을 그대로 올려 찍어 주면 완성이야!

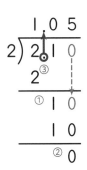

나머지가 0이 될 때까지 나누고, 몫을 완성하세요.

몫을 완성할 때 소수점을 빠트리지 마!

```
      1.0 6
  5 ) 5.3 0
      5
      ───
        3 0
        3 0
        ───
          0
```

01
```
      1 3
  4 ) 5.4 0
      4
      ───
      1 4
      1 2
      ───
        2
```

02
```
      2 5
  2 ) 5.1 0
      4
      ───
      1 1
      1 0
      ───
        1
```

03
```
      1 3
  5 ) 6.8 0
      5
      ───
      1 8
      1 5
      ───
        3
```

04
```
      1 1
  6 ) 6.9 0
      6
      ───
        9
        6
      ───
        3
```

05
```
      1 4
  5 ) 7.1 0
      5
      ───
      2 1
      2 0
      ───
        1
```

06
```
      1 0
  8 ) 8.4 0
      8
      ───
        4
```

07
```
      1 2
  6 ) 7.5 0
      6
      ───
      1 5
      1 2
      ───
        3
```

08
```
      2 1
  4 ) 8.6 0
      8
      ───
        6
        4
      ───
        2
```

🐣 나머지가 0이 될 때까지 나누어서 몫을 구하세요.

2 PART

01

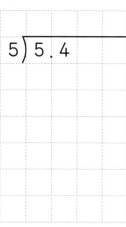

02

03

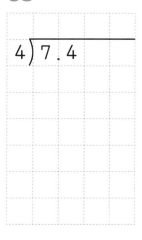

04

05

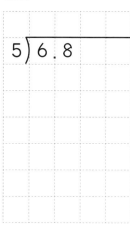

06

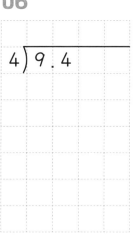

07

08

09

10

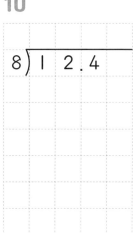

11

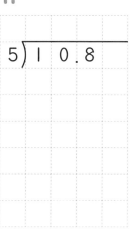

12

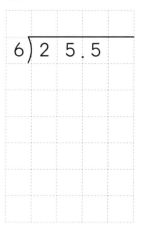

11 B 작은 수를 큰 수로 나눌 때는 몫에 0을 먼저 써요

다음은 몫이 1보다 작은 소수인 (소수)÷(자연수)의 세로셈 방법입니다.

① 작은 수를 큰 수로 나눌 수 없으므로 몫의 자연수 자리에 0을 씁니다.
② 소수를 자연수로 생각하고 나머지가 0이 될 때까지 나누어 줍니다.
③ 소수의 소수점을 몫에 올려 찍어 줍니다.

몫의 자연수 자리에
0을 먼저 채워!

나머지가 0이 될 때까지 나누고, 몫을 완성하세요.

소수점 앞에 0을 빠트리지 않도록 주의해!

```
      0.1 6
  5 ) 0.8 0
      5
      3 0
      3 0
          0
```

01
```
        6
  4 ) 2.6 0
      2 4
        2
```

02
```
        4
  2 ) 0.9 0
      8
      1
```

03
```
        1
  5 ) 0.7 0
      5
      2
```

04
```
        2
  6 ) 1.5 0
      1 2
        3
```

05
```
        4
  5 ) 2.1 0
      2 0
        1
```

06
```
        5
  5 ) 2.6 0
      2 5
        1
```

07
```
        3
  8 ) 2.8 0
      2 4
        4
```

08
```
        5
  5 ) 2.8 0
      2 5
        3
```

😀 나머지가 0이 될 때까지 나누어서 몫을 구하세요.

몫은 꼭 제자리에 쓰자!
그렇지 않으면 틀린 답이야!

01

5) 1.7 5

02

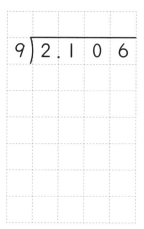

9) 2.1 0 6

03

3) 1.2 9

04

8) 4.4

05

6) 1.5 6

06

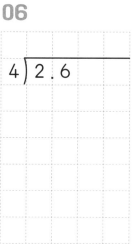

4) 2.6

07

7) 3.7 8

08

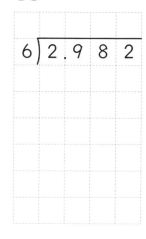

6) 2.9 8 2

09

12) 8.1 2 4

10

13) 2.6 2 6

11

16) 8.4 8

12

24) 6.7 2

계산하세요.

 작은 수를 큰 수로 나눌 때에는 소수점 앞에 0을 빠트리지 않도록 주의해!

01

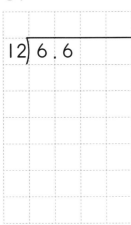

$12\overline{)6.6}$

02

$6\overline{)72.24}$

03

$7\overline{)1.68}$

04

$8\overline{)9.84}$

05

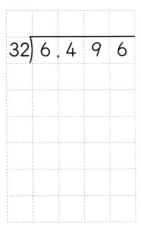

$32\overline{)6.496}$

06

$3\overline{)3.81}$

07

$8\overline{)7.552}$

08

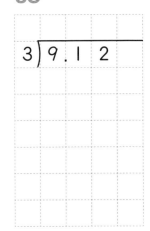

$3\overline{)9.12}$

09

$12\overline{)3.24}$

10

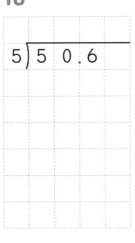

$5\overline{)50.6}$

11

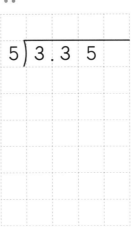

$5\overline{)3.35}$

12

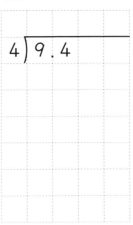

$4\overline{)9.4}$

🎯 계산하세요.

01

11) 4 . 7 3

02

4) 5 . 1 2

03

4) 0 . 4 7 2

04

5) 9 . 3

05
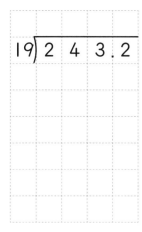
19) 2 4 3 . 2

06

2) 4 . 9 8

07
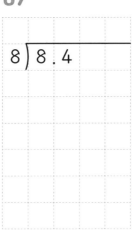
8) 8 . 4

08

2) 8 . 9

09
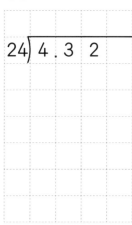
24) 4 . 3 2

10
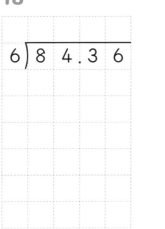
6) 8 4 . 3 6

11
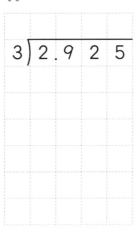
3) 2 . 9 2 5

12

7) 9 . 3 1

12 B 소수점의 위치만 틀려도 답은 틀려요

계산하세요.

01

$7\,)\,\overline{8.4}$

02

$5\,)\,\overline{2.1}$

03

$4\,)\,\overline{9.2}$

04

$6\,)\,\overline{0.3}$

05

$7\,)\,\overline{5.6}$

06

$2\,)\,\overline{5\,4.6\,2}$

07

$8\,)\,\overline{9\,3.7\,6}$

08

$15\,)\,\overline{5.4}$

09

$12\,)\,\overline{4\,1.6\,4}$

10

$5\,)\,\overline{2.7\,4}$

11

$7\,)\,\overline{1.2\,6}$

12

$4\,)\,\overline{6.7\,2}$

13

$15\,)\,\overline{1.6\,2}$

14

$6\,)\,\overline{6.3\,6}$

15

$8\,)\,\overline{2.0\,4}$

16

$4\,)\,\overline{7.4\,4}$

😊 계산하세요.

01

6)6.6

02

5)34.35

03

5)8.5

04

15)4.2

05

5)3.5

06

5)9.2

07

2)14.18

08

8)2.2

09

2)2.47

10

4)2.74

11

9)1.35

12

12)10.2

13

11)2.42

14

6)1.47

15

8)2.08

16

5)7.14

🖐 계산하세요.

01

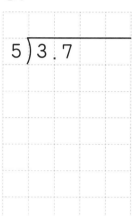

02

03

04

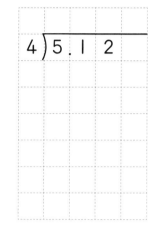

05

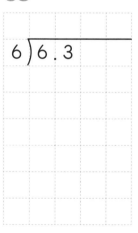

06

07

08

09

10

11

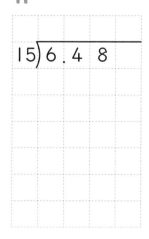

12

🎯 계산하세요.

01

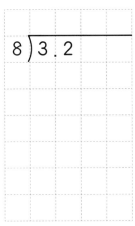

8) 3.2

02

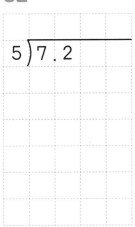

5) 7.2

03

5) 1.0 2

04

7) 1.4 7

05

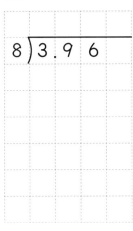

8) 3.9 6

06

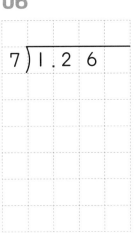

7) 1.2 6

07

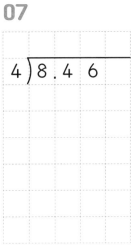

4) 8.4 6

08

6) 9.1 5

09

8) 3.6

10

15) 6 0.1 5

11

16) 5.5 2

12

19) 5 1.6 8

(소수)÷(자연수) 세로셈 연습 2

자리 실수가 없도록 충분히 연습해요

 계산하세요.  칸이 없어도 수를 제자리에 쓸 줄 알아야 해!

01

$8 \overline{)6.4}$

02

$5 \overline{)2.3}$

03

$2 \overline{)2\,2.0\,4}$

04

$4 \overline{)1\,4.8\,8}$

05

$7 \overline{)9.1}$

06

$4 \overline{)6.4}$

07

$14 \overline{)8.4}$

08

$5 \overline{)1.3}$

09

$19 \overline{)9.1\,2}$

10

$5 \overline{)2.6\,4}$

11

$7 \overline{)8.4\,7}$

12

$3 \overline{)6.1\,2}$

13

$18 \overline{)4.1\,4}$

14

$3 \overline{)7.1\,4}$

15

$13 \overline{)6.2\,4}$

16

$25 \overline{)9\,1.2\,5}$

🐌 계산하세요.

01

$4\overline{)2.8}$

02

$8\overline{)7.2}$

03

$4\overline{)5.4}$

04

$2\overline{)1.2}$

05

$3\overline{)9.6}$

06

$7\overline{)9.8}$

07

$4\overline{)8.4}$

08

$15\overline{)4.8}$

09

$5\overline{)2.8\,5}$

10

$6\overline{)6.1\,8}$

11

$6\overline{)1.4\,4}$

12

$7\overline{)9.9\,4}$

13

$24\overline{)1\,2.6}$

14

$8\overline{)9.2\,8}$

15

$15\overline{)1.1\,1}$

16

$3\overline{)9.7\,2}$

Ⓐ 소수를 분수로 바꾸어 생각해요

소수의 나눗셈은 분수의 나눗셈으로 바꾸어 이해할 수 있습니다.

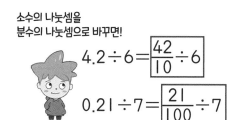

소수의 나눗셈을
분수의 나눗셈으로 바꾸면!

$$4.2 \div 6 = \boxed{\dfrac{42}{10} \div 6}$$

$$0.21 \div 7 = \boxed{\dfrac{21}{100} \div 7}$$

→

분자와 자연수를 나누어
구할 수 있지!

$$\boxed{\dfrac{42}{10} \div 6} = \dfrac{42 \div 6}{10} = \dfrac{7}{10} = \boxed{0.7}$$

$$\boxed{\dfrac{21}{100} \div 7} = \dfrac{21 \div 7}{100} = \dfrac{3}{100} = \boxed{0.03}$$

 빈칸에 알맞은 수를 써넣어 나눗셈의 몫을 소수로 나타내세요.

 분자가 자연수로 나누어떨어질 때
이 방법으로 계산하면 편리해!

01

$$1.2 \div 3 = \dfrac{\boxed{}}{\boxed{}} \div 3 = \dfrac{\boxed{} \div \boxed{}}{\boxed{}} = \dfrac{\boxed{}}{10} = \boxed{}$$

02

$$2.5 \div 5 = \dfrac{\boxed{}}{\boxed{}} \div 5 = \dfrac{\boxed{} \div \boxed{}}{\boxed{}} = \dfrac{\boxed{}}{10} = \boxed{}$$

03

$$8.4 \div 4 = \dfrac{\boxed{}}{\boxed{}} \div 4 = \dfrac{\boxed{} \div \boxed{}}{\boxed{}} = \dfrac{\boxed{}}{10} = \boxed{}$$

04

$$0.96 \div 8 = \dfrac{\boxed{}}{\boxed{}} \div 8 = \dfrac{\boxed{} \div \boxed{}}{\boxed{}} = \dfrac{\boxed{}}{100} = \boxed{}$$

05

$$1.02 \div 6 = \dfrac{\boxed{}}{\boxed{}} \div 6 = \dfrac{\boxed{} \div \boxed{}}{\boxed{}} = \dfrac{\boxed{}}{100} = \boxed{}$$

 나눗셈의 몫을 소수로 나타내세요.

수에 따라 가로셈이 더 편리할 때가 있어!

2 PART

01 3.5÷5=

02 3.2÷4=

03 8.1÷9=

04 4.2÷7=

05 2.4÷3=

06 0.8÷2=

07 7.05÷5=

08 4.92÷4=

09 1.05÷7=

10 2.48÷8=

11 7.26÷6=

12 9.35÷5=

13 6.78÷3=

14 6.34÷2=

15 3.78÷9=

16 1.44÷6=

수에 따라 가로셈이 더 편리할 수 있어요

소수의 나눗셈은 자연수의 나눗셈으로 바꾸어 이해할 수 있습니다.

$$20 \div 5 = 4$$
$$0.2 \div 5 = 0.04$$

$\frac{1}{100}$ 배

나누어지는 수가 $\frac{1}{100}$ 배 되었으니까
계산 결과도 $\frac{1}{100}$ 배 된 거야!

빈칸에 알맞은 수를 써넣어 나눗셈의 몫을 소수로 나타내세요.

01 $12 \div 2 = 6$

$1.2 \div 2 = \boxed{}$ ⟋ $\boxed{}$ 배

02 $28 \div 4 = 7$

$2.8 \div 4 = \boxed{}$ ⟍ $\boxed{}$ 배

03 $45 \div 9 = 5$

$4.5 \div 9 = \boxed{}$ ⟋ $\boxed{}$ 배

04 $65 \div 5 = 13$

$6.5 \div 5 = \boxed{}$ ⟍ $\boxed{}$ 배

05 $56 \div 4 = 14$

$5.6 \div 4 = \boxed{}$ ⟋ $\boxed{}$ 배

06 $96 \div 6 = 16$

$9.6 \div 6 = \boxed{}$ ⟍ $\boxed{}$ 배

07 $25 \div 5 = 5$

$0.25 \div 5 = \boxed{}$ ⟋ $\boxed{}$ 배

08 $54 \div 2 = 27$

$0.54 \div 2 = \boxed{}$ ⟍ $\boxed{}$ 배

09 $21 \div 7 = 3$

$0.21 \div 7 = \boxed{}$ ⟋ $\boxed{}$ 배

10 $48 \div 4 = 12$

$0.48 \div 4 = \boxed{}$ ⟍ $\boxed{}$ 배

나눗셈의 몫을 소수로 나타내세요. 편리한 방법으로 계산해 봐!

$$\frac{1}{10}배 \binom{4.2 \div 6 = 0.7}{42 \div 6 = 7} \frac{1}{10}배$$

2 PART

01 $1.23 \div 3 =$

02 $4.8 \div 3 =$

03 $0.63 \div 9 =$

04 $6.5 \div 5 =$

05 $8.4 \div 7 =$

06 $0.92 \div 4 =$

07 $3.5 \div 7 =$

08 $6.9 \div 3 =$

09 $0.72 \div 4 =$

10 $3.2 \div 4 =$

11 $0.15 \div 5 =$

12 $0.57 \div 3 =$

13 $8.1 \div 9 =$

14 $2.2 \div 11 =$

15 $10.8 \div 6 =$

A 계산하지 않아도 몫을 짐작할 수 있어요

소수를 가장 가까운 자연수로 생각하면 몫을 어림할 수 있습니다.

20.1÷5=약 4

➡ 20.1÷5에서 20.1을 가장 가까운 자연수인 20으로 어림할 수 있습니다.
20÷5=4이므로 소수의 나눗셈의 몫은 4보다 약간 큽니다.

소수의 나눗셈을 어림셈하였습니다. 빈칸에 알맞은 수를 써넣고, 알맞은 말에 ○표 하세요.

01

36.21÷6=약 [ ]

36.21을 [ ]으로 어림

➡ 몫은 [ ]보다 약간 (큼 / 작음)

02

49.49÷7=약 [ ]

49.49를 [ ]로 어림

➡ 몫은 [ ]보다 약간 (큼 / 작음)

03

44.79÷5=약 [ ]

44.79를 [ ]로 어림

➡ 몫은 [ ]보다 약간 (큼 / 작음)

04

18.09÷9=약 [ ]

18.09를 [ ]로 어림

➡ 몫은 [ ]보다 약간 (큼 / 작음)

05

63.52÷8=약 [ ]

63.52를 [ ]로 어림

➡ 몫은 [ ]보다 약간 (큼 / 작음)

06

20.86÷7=약 [ ]

20.86을 [ ]로 어림

➡ 몫은 [ ]보다 약간 (큼 / 작음)

나눗셈을 어림셈하여 올바른 몫을 찾아 ◯표 하세요.

 소수점의 위치만 보아도 답을 알 수 있어!

2 PART

01

41.93÷7

59.9   5.99   599   0.599

02

11.8÷4

2.95   295   0.295   29.5

03

1.64÷8

2.05   20.5   205   0.205

04

2.515÷5

503   50.3   5.03   0.503

05

31.72÷4

0.793   7.93   79.3   793

06

89.7÷3

2.99   29.9   299   0.299

07

56.42÷7

80.6   806   0.806   8.06

08

47.7÷6

795   79.5   7.95   0.795

09

8.235÷9

915   0.915   91.5   9.15

10

63.14÷7

90.2   9.02   0.902   902

11

236.4÷4

5.91   0.591   591   59.1

12

32.67÷3

10.89   1.089   108.9   1089

13

38.46÷3

1.282   128.2   12.82   1282

14

40.24÷8

5.03   503   0.503   50.3

소수를 나누는 수의 배수와 비교하여 생각하면 몫을 어림할 수 있습니다.

$36.4 \div 8 = 4.\times\times\times$

➡ $36.4 \div 8$에서 36.4는 32($=8 \times 4$)보다 크고 40($=8 \times 5$)보다는 작습니다.

따라서 소수의 나눗셈의 몫은 4보다 크고 5보다 작습니다.

소수의 나눗셈을 어림셈하였습니다. 빈칸에 알맞은 수를 써넣고 몫의 자연수 부분을 구하세요.

01

$39.24 \div 12 = \boxed{}.\times\times\times$

39.24는 $\boxed{}$ 보다 크고 $\boxed{}$ 보다 작음

➡ 몫은 $\boxed{}$ 보다 크고 $\boxed{}$ 보다 작음

02

$59.48 \div 8 = \boxed{}.\times\times\times$

59.48은 $\boxed{}$ 보다 크고 $\boxed{}$ 보다 작음

➡ 몫은 $\boxed{}$ 보다 크고 $\boxed{}$ 보다 작음

03

$30.51 \div 9 = \boxed{}.\times\times\times$

30.51은 $\boxed{}$ 보다 크고 $\boxed{}$ 보다 작음

➡ 몫은 $\boxed{}$ 보다 크고 $\boxed{}$ 보다 작음

04

$16.06 \div 10 = \boxed{}.\times\times\times$

16.06은 $\boxed{}$ 보다 크고 $\boxed{}$ 보다 작음

➡ 몫은 $\boxed{}$ 보다 크고 $\boxed{}$ 보다 작음

05

$44.87 \div 7 = \boxed{}.\times\times\times$

44.87은 $\boxed{}$ 보다 크고 $\boxed{}$ 보다 작음

➡ 몫은 $\boxed{}$ 보다 크고 $\boxed{}$ 보다 작음

06

$27.83 \div 5 = \boxed{}.\times\times\times$

27.83은 $\boxed{}$ 보다 크고 $\boxed{}$ 보다 작음

➡ 몫은 $\boxed{}$ 보다 크고 $\boxed{}$ 보다 작음

🐰 몫이 ☐ 안의 수보다 큰 나눗셈에 모두 ◯표 하세요.

계산 결과를 어림하면 소수점의 위치가
올바른지 확인할 수 있어!

01

2

3.32÷2   18.97÷7

28.6÷10   30.24÷16

14.4÷9   13.1÷5

02

4

10.89÷3   24.06÷6

48.07÷11   55.23÷14

33.4÷8   15.4÷4

03

5

40.24÷8   16.32÷3

28.7÷14   58.26÷12

19.96÷4   11.7÷2

04

9

44.25÷5   64.26÷7

79.38÷9   71.2÷8

19.56÷2   37.22÷4

05

3

16.26÷6   10.35÷3

32.45÷11   46.62÷15

22.16÷8   7.9÷2

06

8

35.4÷5   48.12÷6

87.06÷10   66.08÷8

16.7÷2   55.86÷7

07

6

37.68÷6   30.85÷5

53.37÷9   71.64÷12

49.6÷8   23.52÷4

08

7

50.19÷7   40.08÷6

86.16÷12   75.79÷11

27.4÷4   23.85÷3

♋ 계산하세요.

01

$7\overline{)5.6}$

02

$4\overline{)0.5}$

03

$7\overline{)9\ 5.8\ 3}$

04

$7\overline{)6.3}$

05

$15\overline{)6\ 9}$

06

$7\overline{)9.1}$

07

$6\overline{)8.4}$

08

$4\overline{)9.4}$

09

$12\overline{)1\ 5}$

10

$12\overline{)4\ 1.4}$

11

$20\overline{)2\ 4\ 7.2}$

12

$5\overline{)1.3\ 5}$

13

$16\overline{)6.2\ 4}$

14

$3\overline{)2.5\ 5}$

15

$8\overline{)4\ 9.6}$

16

$8\overline{)4\ 8.2}$

🐌 계산하세요.

01 $76 \div 8 =$

02 $6.3 \div 9 =$

03 $2.6 \div 5 =$

04 $6.6 \div 2 =$

05 $3.1 \div 4 =$

06 $57 \div 8 =$

07 $144.34 \div 14 =$

08 $7.2 \div 4 =$

09 $4.8 \div 3 =$

10 $37 \div 4 =$

11 $48 \div 15 =$

12 $7.4 \div 2 =$

13 $1.1 \div 5 =$

14 $1.44 \div 4 =$

15 $54.32 \div 4 =$

16 $21.6 \div 8 =$

[보기]와 같이 계산하여 빈칸에 알맞은 수를 써넣으세요.

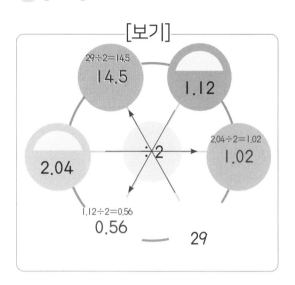

[보기]

29÷2=14.5
14.5   1.12
2.04   ÷2   2.04÷2=1.02   1.02
1.12÷2=0.56
0.56   29

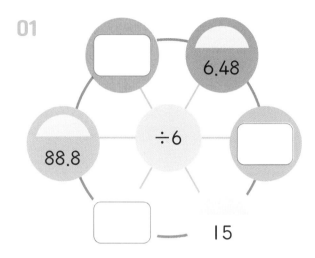

01

6.48
88.8   ÷6
15

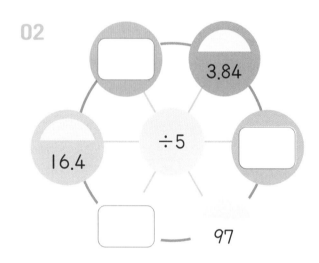

02

3.84
16.4   ÷5
97

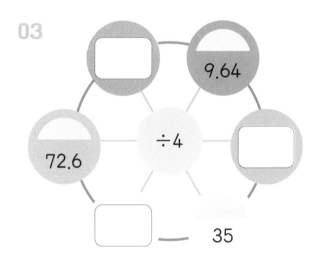

03

9.64
72.6   ÷4
35

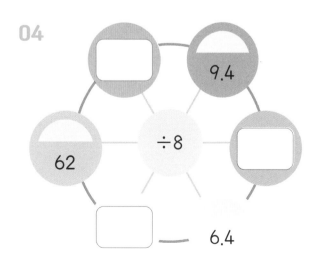

04

9.4
62   ÷8
6.4

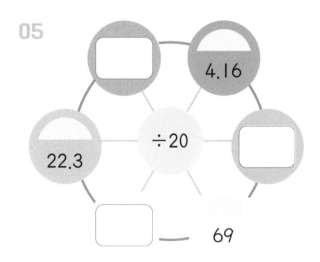

05

4.16
22.3   ÷20
69

🧮 빈칸에 알맞은 수를 써넣으세요.

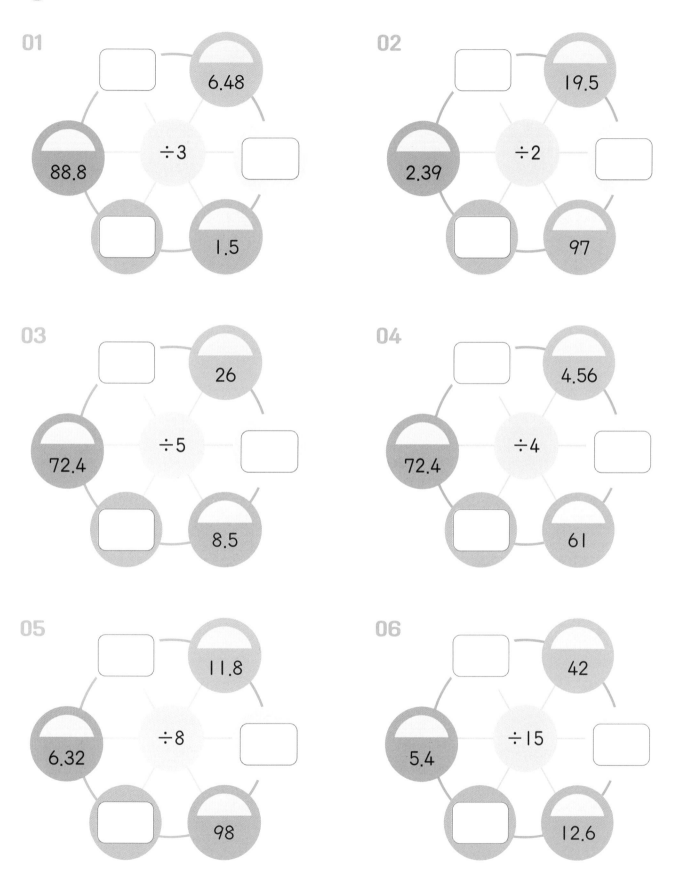

01

6.48

÷3

88.8

1.5

02

19.5

÷2

2.39

97

03

26

÷5

72.4

8.5

04

4.56

÷4

72.4

61

05

11.8

÷8

6.32

98

06

42

÷15

5.4

12.6

🧮 계산하세요.

01

$4\overline{)5.6}$

02

$20\overline{)8}$

03

$2\overline{)2.3}$

04

$8\overline{)5.4}$

05

$7\overline{)3.5}$

06

$3\overline{)7.2}$

07

$6\overline{)7.5}$

08

$4\overline{)7.3}$

09

$4\overline{)1\,2\,3}$

10

$8\overline{)1.7\,6}$

11

$7\overline{)6.6\,5}$

12

$2\overline{)4.7\,5}$

13

$8\overline{)2.1\,2}$

14

$8\overline{)2\,1\,0}$

15

$5\overline{)0.7\,2}$

16

$3\overline{)4.5\,9}$

계산하세요.

01 $0.7 \div 5 =$

02 $1.7 \div 2 =$

03 $1.2 \div 6 =$

04 $7.5 \div 15 =$

05 $32.8 \div 4 =$

06 $30.4 \div 8 =$

07 $33 \div 6 =$

08 $54.1 \div 5 =$

09 $74 \div 8 =$

10 $7.2 \div 15 =$

11 $3.4 \div 4 =$

12 $4.5 \div 6 =$

13 $6.21 \div 9 =$

14 $63.6 \div 12 =$

15 $25.2 \div 8 =$

16 $49 \div 5 =$

01 계산하세요.

$$8\overline{)26} \qquad\qquad 4\overline{)9} \qquad\qquad 16\overline{)12}$$

02 빈칸에 알맞은 수를 써넣어 나눗셈의 몫을 소수로 나타내세요.

$155 \div 5 = 31$

$1.55 \div 2 = \boxed{}$ → $\dfrac{\boxed{}}{\boxed{}}$ 배

$90 \div 6 = 15$

$9 \div 6 = \boxed{}$ → $\dfrac{\boxed{}}{\boxed{}}$ 배

03 계산하세요.

$$6\overline{)7.26} \qquad\qquad 3\overline{)9.27} \qquad\qquad 16\overline{)3.6}$$

04 몫이 ☐ 안의 수보다 큰 나눗셈에 모두 ○표 하세요.

5	
$11.62 \div 2$	$47.88 \div 10$
$22.04 \div 4$	$38.4 \div 8$
$24.12 \div 6$	$39.97 \div 7$

3	
$10.4 \div 4$	$36.3 \div 11$
$42.6 \div 12$	$62.8 \div 16$
$2.403 \div 9$	$4.4 \div 5$

05 어림셈하고 몫의 소수점 위치가 올바른 식에 ◯표 하세요.

$15.94 \div 4 = 39.85$

$15.94 \div 4 = 3.985$

$15.94 \div 4 = 0.3985$

$15.94 \div 4 = 3985$

$5.04 \div 6 = 0.84$

$5.04 \div 6 = 8.4$

$5.04 \div 6 = 0.084$

$5.04 \div 6 = 84$

06 대화를 보고 빈칸에 알맞은 수를 써넣으세요.

집에서 24.26 km 떨어진 공원에 가는 데 자전거로 2시간 걸렸어! 1시간 동안 얼마나 간 걸까?

1 km=1000 m니까 24.26 km=24260 m야!

24260÷2=□, 1시간당 □ m,

즉 □ km를 간 거야!

07 기연이네 텃밭 넓이가 현우네 텃밭 넓이의 몇 배인지 구하세요.

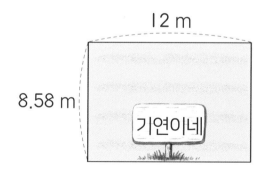

12 m

8.58 m

기연이네

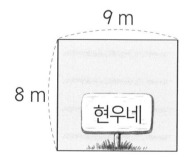

9 m

8 m

현우네

답 : _____ 배

아래 식에서 하나의 기호는 하나의 숫자이며, 다른 기호는 다른 숫자입니다. 각 기호가 나타내는 숫자를 구하세요.

```
                    △  2 . ☆
         △  □ ) △  7  ☆ . □
                 △  □
                 3  ☆
                 2  ♡
                 ♡  □
                 ♡  □
                      0
```

```
           △ 2 . ☆
  △ □ ) △ 7 ☆ . □
       △ □
       3 ☆
```

빨간색 부분에 주목해 봐!
△□에 △를 곱했더니
똑같이 △□가 나왔다는 건...?!

△ : _____   □ : _____   ☆ : _____   ♡ : _____

3 PART

비와 비율

두 양을 비교하는 방법은 두 가지가 있습니다.

두 양의 크기는 뺄셈으로 비교하거나 나눗셈으로 비교할 수 있습니다.

뺄셈으로 비교하기	나눗셈으로 비교하기
$6-3=3$	$6 \div 3 = 2$
사과가 귤보다 3개 더 많습니다.	사과 수는 귤 수의 2배입니다.
귤이 사과보다 3개 더 적습니다.	귤 수는 사과 수의 $\frac{1}{2}$배입니다.

🐛 수를 두 가지 방법으로 비교하여 빈칸에 알맞은 수를 써넣으세요.

01

딸기가 복숭아보다 ☐ 개 더 많습니다.

딸기 수는 복숭아 수의 ☐ 배입니다.

02

사과가 수박보다 ☐ 개 더 많습니다.

사과 수는 수박 수의 ☐ 배입니다.

03 　　

사과가 복숭아보다 ☐ 개 더 많습니다.

사과 수는 복숭아 수의 ☐ 배입니다.

04 　

바나나가 수박보다 ☐ 개 더 많습니다.

바나나 수는 수박 수의 ☐ 배입니다.

🐛 수를 두 가지 방법으로 비교하여 빈칸에 알맞은 수를 써넣으세요.

01

야구공이 축구공보다 ☐개 더 많습니다.

야구공 수는 축구공 수의 ☐배입니다.

02

농구공이 축구공보다 ☐개 더 많습니다.

농구공 수는 축구공 수의 ☐배입니다.

03

야구공이 농구공보다 ☐개 더 많습니다.

야구공 수는 농구공 수의 ☐배입니다.

04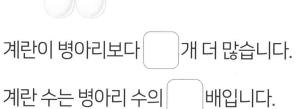

계란이 병아리보다 ☐개 더 많습니다.

계란 수는 병아리 수의 ☐배입니다.

05

병아리가 닭보다 ☐마리 더 많습니다.

병아리 수는 닭 수의 ☐배입니다.

06

계란이 닭보다 ☐개 더 많습니다.

계란 수는 닭 수의 ☐배입니다.

07

컵이 접시보다 ☐개 더 많습니다.

컵 수는 접시 수의 ☐배입니다.

08

접시가 컵보다 ☐개 더 많습니다.

접시 수는 컵 수의 ☐배입니다.

18 Ⓑ 두 수를 나눗셈으로 비교해 봐요

두 블록의 수를 비교하여 빈칸에 알맞은 자연수 또는 기약분수를 써넣으세요.

01

☐의 수는 ☐의 수의 _____ 배

☐의 수는 ☐의 수의 _____ 배

02

☐의 수는 ☐의 수의 _____ 배

☐의 수는 ☐의 수의 _____ 배

03

☐의 수는 ☐의 수의 _____ 배

☐의 수는 ☐의 수의 _____ 배

04

☐의 수는 ☐의 수의 _____ 배

☐의 수는 ☐의 수의 _____ 배

05

☐의 수는 ☐의 수의 _____ 배

☐의 수는 ☐의 수의 _____ 배

06

☐의 수는 ☐의 수의 _____ 배

☐의 수는 ☐의 수의 _____ 배

🔍 두 블록의 수를 비교하여 빈칸에 알맞은 자연수 또는 기약분수를 써넣으세요.

01

☐의 수는 ☐의 수의 ____ 배

☐의 수는 ☐의 수의 ____ 배

02

☐의 수는 ☐의 수의 ____ 배

☐의 수는 ☐의 수의 ____ 배

03

☐의 수는 ☐의 수의 ____ 배

☐의 수는 ☐의 수의 ____ 배

04

☐의 수는 ☐의 수의 ____ 배

☐의 수는 ☐의 수의 ____ 배

05

☐의 수는 ☐의 수의 ____ 배

☐의 수는 ☐의 수의 ____ 배

06

☐의 수는 ☐의 수의 ____ 배

☐의 수는 ☐의 수의 ____ 배

두 수를 비교하기 위해 기호 : 을 사용하여 나타낸 것을 비라고 합니다. 기호의 오른쪽에 있는 수가 기준량이고 왼쪽에 있는 수가 비교하는 양이 됩니다. 비는 여러 가지 방법으로 읽을 수 있습니다.

비교하는 양   기준량
사과 수 : 귤 수 = 6 : 3

┌ 6 대 3
├ 6과 3의 비
├ 6의 3에 대한 비
└ 3에 대한 6의 비

빨간색 그림의 수를 기준량으로 하여 비를 쓰세요.

조심해!
6 : 3과 3 : 6은 기준이 되는 수가 다르기 때문에 다른 비야!

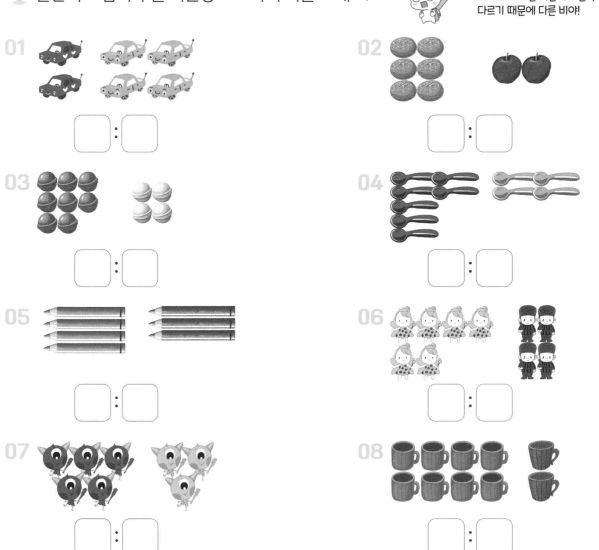

01 ☐ : ☐

02 ☐ : ☐

03 ☐ : ☐

04 ☐ : ☐

05 ☐ : ☐

06 ☐ : ☐

07 ☐ : ☐

08 ☐ : ☐

🐌 여러 가지 방법으로 비를 읽었습니다. 빈칸에 알맞은 수를 써넣으세요.

01

12 : 7

☐ 대 ☐

☐ 와 ☐ 의 비

☐ 의 ☐ 에 대한 비

02

6 : 5

☐ 대 ☐

☐ 과 ☐ 의 비

☐ 에 대한 ☐ 의 비

03

6 : 8

☐ 과 ☐ 의 비

☐ 의 ☐ 에 대한 비

☐ 에 대한 ☐ 의 비

04

5 : 4

☐ 대 ☐

☐ 의 ☐ 에 대한 비

☐ 에 대한 ☐ 의 비

05

15 : 7

☐ 대 ☐

☐ 와 ☐ 의 비

☐ 의 ☐ 에 대한 비

06

3 : 4

☐ 대 ☐

☐ 과 ☐ 의 비

☐ 에 대한 ☐ 의 비

07

3 : 9

☐ 대 ☐

☐ 에 대한 ☐ 의 비

☐ 의 ☐ 에 대한 비

08

8 : 3

☐ 에 대한 ☐ 의 비

☐ 과 ☐ 의 비

☐ 의 ☐ 에 대한 비

09

10 : 4

☐ 대 ☐

☐ 과 ☐ 의 비

☐ 에 대한 ☐ 의 비

10

20 : 9

☐ 대 ☐

☐ 과 ☐ 의 비

☐ 의 ☐ 에 대한 비

19 B 비
△ : □ → △는 비교하는 양, □는 기준량

 빈칸에 알맞은 수를 써넣으세요. 먼저 기준이 되는 수가 무엇인지 확인해!

01
10의 3에 대한 비

▷ [ ] : [ ]

02
6 대 5

▷ [ ]에 대한 [ ]의 비

03
7에 대한 3의 비

▷ [ ] : [ ]

04
5와 7의 비

▷ [ ]에 대한 [ ]의 비

05
3 대 4

▷ [ ]과 [ ]의 비

06
3과 8의 비

▷ [ ] : [ ]

07
6의 10에 대한 비

▷ [ ] : [ ]

08
5 대 11

▷ [ ]에 대한 [ ]의 비

09
6과 7의 비

▷ [ ]에 대한 [ ]의 비

10
1에 대한 2의 비

▷ [ ] : [ ]

11
8과 13의 비

▷ [ ] : [ ]

12
9 대 5

▷ [ ]와 [ ]의 비

🐌 빈칸에 알맞은 수를 써넣으세요.

01
7과 12의 비
→ ⬜ : ⬜

02
4 대 3
→ ⬜ 와 ⬜ 의 비

03
6과 7의 비
→ ⬜ 에 대한 ⬜ 의 비

04
1에 대한 5의 비
→ ⬜ : ⬜

05
6의 10에 대한 비
→ ⬜ : ⬜

06
3 대 14
→ ⬜ 에 대한 ⬜ 의 비

07
2 대 4
→ ⬜ 와 ⬜ 의 비

08
2와 7의 비
→ ⬜ : ⬜

09
7에 대한 11의 비
→ ⬜ : ⬜

10
3과 7의 비
→ ⬜ 에 대한 ⬜ 의 비

11
10의 2에 대한 비
→ ⬜ : ⬜

12
6 대 3
→ ⬜ 에 대한 ⬜ 의 비

기준량에 대한 비교하는 양의 크기를 비율이라고 합니다. 비율은 비교하는 양을 기준량으로 나누어 구합니다.

$$(비율)=(비교하는 양)÷(기준량)=\frac{(비교하는 양)}{(기준량)}$$

비를 비율로 나타낼 때에는 분수 또는 소수로 나타냅니다.

비율은 기준량을 1로 바꾸어 생각했을 때
비교하는 양의 값이야!

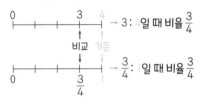

$3:2$ ──비교하는양÷기준량──→ 비율 ⎡ 분수 : $\frac{3}{2}$

⎣ 소수 : 1.5

비의 비율을 기약분수 또는 소수로 나타내세요.

노란색 상자는 소수로,
빨간색 상자는 분수로
나타내자!

$7:5$: 1.4
           $7÷5=1.4$

17에 대한 10의 비 : $\frac{10}{17}$
         $10÷17=\frac{10}{17}$

01

15에 대한 2의 비 : ☐/☐

02

9 대 2   : ____

03

8 대 6   : ☐/☐

04

5와 10의 비   : ____

05

30에 대한 6의 비 : ☐/☐

06

6과 30의 비   : ____

07

7 : 3   : ☐/☐

08

20에 대한 8의 비 : ____

비교하는 양 > 기준량 → 비율 > 1
비교하는 양 = 기준량 → 비율 = 1
비교하는 양 < 기준량 → 비율 < 1

💡 비의 비율을 기약분수 또는 소수로 나타내세요.

01 7 대 11 :

02 9 대 4 : ____

03 5의 13에 대한 비 :

04 4 : 25 : ____

05 6에 대한 4의 비 :

06 5에 대한 4의 비 : ____

07 3과 9의 비 :

08 16 : 64 : ____

09 10에 대한 4의 비 :

10 5와 50의 비 : ____

11 11 : 7 :

12 6 대 24 : ____

13 4와 3의 비 :

14 5에 대한 12의 비 : ____

15 8 : 7 :

16 3 : 20 : ____

17 3 대 7 :

18 6과 120의 비 : ____

비의 비율을 기약분수 또는 소수로 나타내세요.

비율을 분수로 나타낼 때에는
가분수를 대분수로 고치지 않아도 돼!

01

3에 대한 2의 비 :

02

5 대 2 : ____

03

4 : 11 :

04

5 : 20 : ____

05

10 대 4 :

06

2와 20의 비 : ____

07

14의 6에 대한 비 :

08

10 : 50 : ____

09

5에 대한 8의 비 :

10

25에 대한 17의 비 : ____

11

3 : 13 :

12

11 : 2 : ____

13

15에 대한 2의 비 :

14

7 대 4 : ____

15

17 : 3 :

16

75에 대한 3의 비 : ____

17

9 대 15 :

18

9 : 18 : ____

🐰 비의 비율을 기약분수 또는 소수로 나타내세요. 먼저 기준량을 찾아보자!

01

8 : 50 : ⬜/⬜

02

9 대 75 : ___

03

6에 대한 11의 비 : ⬜/⬜

04

27 : 12 : ___

05

9와 8의 비 : ⬜/⬜

06

30 : 200 : ___

07

9 : 4 : ⬜/⬜

08

16에 대한 24의 비 : ___

09

9에 대한 6의 비 : ⬜/⬜

10

2 대 100 : ___

11

3의 12에 대한 비 : ⬜/⬜

12

5의 25에 대한 비 : ___

13

6 : 30 : ⬜/⬜

14

3 : 60 : ___

15

7 대 21 : ⬜/⬜

16

50에 대한 15의 비 : ___

17

12와 8의 비 : ⬜/⬜

18

14 : 20 : ___

21 Ⓐ 걸린 시간에 대한 간 거리의 비율은 속력을 말해요

비율은 일상 속 다양한 곳에서 사용됩니다.

걸린 시간에 대한 간 거리의 비율은 속력을 의미합니다. 비율이 클수록 빠릅니다.

(걸린 시간에 대한 간 거리의 비율)＝(간 거리)÷(걸린 시간)

속력은 비율이기 때문에 기준량인 시간이 1일 때 간 거리를 뜻해!

각 자동차의 걸린 시간에 대한 간 거리의 비율을 반올림하여 자연수로 나타내세요.

01

자동차	A	B	C	D	E	F
걸린 시간(시간)	2	3	6	4	8	5
간 거리(km)	211	297	543	368	880	476
걸린 시간에 대한 간 거리의 비율	211÷2＝105.5 →반올림하여106 **106**					

02

자동차	A	B	C	D	E	F
걸린 시간(시간)	2	3	5	4	2	7
간 거리(km)	300	495	500.5	480	261	875
걸린 시간에 대한 간 거리의 비율						

03

자동차	A	B	C	D	E	F
걸린 시간(시간)	3	2	7	4	2	9
간 거리(km)	510	301	772.1	520	220	945
걸린 시간에 대한 간 거리의 비율						

🐇 각 자동차가 간 거리와 걸린 시간입니다. 자동차가 빠른 순서대로 1부터 4까지의 수를 써 넣으세요.

01
☐ 🚗 1시간 동안 152 km
☐ 🚙 4시간 동안 244 km
☐ 🚗 6시간 동안 336 km
☐ 🚙 2시간 동안 194 km

02
☐ 🚗 5시간 동안 400 km
☐ 🚙 4시간 동안 240 km
☐ 🚗 2시간 동안 140 km
☐ 🚙 7시간 동안 525 km

03
☐ 🚗 9시간 동안 540 km
☐ 🚙 5시간 동안 250 km
☐ 🚗 3시간 동안 165 km
☐ 🚙 4시간 동안 320 km

04
☐ 🚗 4시간 동안 400 km
☐ 🚙 5시간 동안 475 km
☐ 🚗 3시간 동안 291 km
☐ 🚙 2시간 동안 196 km

05
☐ 🚗 2시간 동안 160 km
☐ 🚙 3시간 동안 255 km
☐ 🚗 1시간 동안 90 km
☐ 🚙 9시간 동안 630 km

06
☐ 🚗 4시간 동안 400 km
☐ 🚙 3시간 동안 330 km
☐ 🚗 2시간 동안 210 km
☐ 🚙 8시간 동안 816 km

07
☐ 🚗 5시간 동안 475 km
☐ 🚙 3시간 동안 294 km
☐ 🚗 4시간 동안 320 km
☐ 🚙 3시간 동안 360 km

08
☐ 🚗 4시간 동안 280 km
☐ 🚙 2시간 동안 160 km
☐ 🚗 3시간 동안 234 km
☐ 🚙 4시간 동안 300 km

넓이에 대한 인구의 비율은 인구 밀도를 말해요

넓이에 대한 인구의 비율은 인구 밀도를 의미합니다. 비율이 클수록 인구가 밀집한 곳입니다.

(넓이에 대한 인구의 비율)=(인구)÷(넓이)=$\dfrac{(인구)}{(넓이)}$

인구 밀도는 비율이기 때문에 기준량인 넓이가 1일 때 인구를 말해!

각 마을의 넓이에 대한 인구의 비율을 반올림하여 자연수로 나타내세요.

01

마을	하얀	꿈	해	파란	초록	달
넓이(km²)	15	5	15	32	7	10
인구(명)	303	325	381	1712	245	448
넓이에 대한 인구의 비율	303÷15=20.2 →반올림하여 20 **20**					

02

마을	빨강	노랑	초록	파랑	보라	주황
넓이(km²)	30	40	55	40	30	50
인구(명)	4500	12000	6600	5000	3915	5025
넓이에 대한 인구의 비율						

03

마을	햇님	달님	별님	혜성	태양	은하
넓이(km²)	50	60	35	45	75	65
인구(명)	6500	7500	3507	4860	10650	10400
넓이에 대한 인구의 비율						

🐌 각 마을의 넓이와 인구입니다. 인구가 밀집한 순서대로 1부터 4까지의 수를 써넣으세요.

01
- ⬜ 넓이 62 km²에 15500명
- ⬜ 넓이 14 km²에 3220명
- ⬜ 넓이 42 km²에 9450명
- ⬜ 넓이 18 km²에 4608명

02
- ⬜ 넓이 50 km²에 15000명
- ⬜ 넓이 60 km²에 19200명
- ⬜ 넓이 55 km²에 15400명
- ⬜ 넓이 45 km²에 12150명

03
- ⬜ 넓이 20 km²에 4000명
- ⬜ 넓이 15 km²에 3150명
- ⬜ 넓이 18 km²에 1440명
- ⬜ 넓이 16 km²에 3040명

04
- ⬜ 넓이 15 km²에 4530명
- ⬜ 넓이 2 km²에 700명
- ⬜ 넓이 3 km²에 1125명
- ⬜ 넓이 2 km²에 620명

05
- ⬜ 넓이 15 km²에 1800명
- ⬜ 넓이 18 km²에 2250명
- ⬜ 넓이 16 km²에 2080명
- ⬜ 넓이 19 km²에 2090명

06
- ⬜ 넓이 50 km²에 7500명
- ⬜ 넓이 45 km²에 7650명
- ⬜ 넓이 55 km²에 7700명
- ⬜ 넓이 65 km²에 7800명

07
- ⬜ 넓이 100 km²에 32000명
- ⬜ 넓이 50 km²에 18000명
- ⬜ 넓이 65 km²에 24700명
- ⬜ 넓이 80 km²에 32000명

08
- ⬜ 넓이 50 km²에 15000명
- ⬜ 넓이 20 km²에 5600명
- ⬜ 넓이 30 km²에 9300명
- ⬜ 넓이 40 km²에 10800명

22 Ⓐ 비율은 백분율로 나타낼 수 있어요

기준량이 100일 때의 비율을 백분율이라고 합니다. 기호는 %를 사용하고 퍼센트라고 읽습니다.

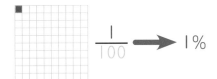 $\dfrac{1}{100}$ → 1%

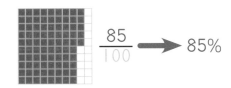 $\dfrac{85}{100}$ → 85%

다음은 비율을 백분율로 나타내는 방법입니다.

비율에 100을 곱하기

$\dfrac{2}{5} \times \overset{20}{100} = 40$

→ 백분율 : 40%

기준량을 100으로 만들기

비교하는 양 $\dfrac{2}{5}$ → $\dfrac{2 \times 20}{5 \times 20} = \dfrac{40}{100}$
기준량

→ 백분율 : 40%

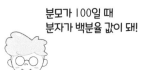 분모가 100일 때 분자가 백분율 값이 돼!

비율을 백분율로 나타내세요. 둘 중 편리한 방법으로 계산해!

0.5　　50%

$0.5 \times 100 = 50$
$0.5 = \dfrac{5}{10} = \dfrac{5 \times 10}{10 \times 10} = \dfrac{50}{100}$

01 0.2 _____

02 $\dfrac{3}{5}$ _____

03 0.3 _____

04 0.15 _____

05 $\dfrac{3}{4}$ _____

06 $\dfrac{7}{20}$ _____

07 0.45 _____

08 $\dfrac{17}{50}$ _____

09 0.95 _____

10 $\dfrac{3}{50}$ _____

11 $\dfrac{13}{25}$ _____

🐾 비율을 백분율로 나타내세요. 답을 쓸 때 %를 빠트리지 마!

01 0.34 ▸ _____

02 0.25 ▸ _____

03 $\dfrac{1}{5}$ ▸ _____

04 0.53 ▸ _____

05 $\dfrac{7}{10}$ ▸ _____

06 $\dfrac{29}{50}$ ▸ _____

07 $\dfrac{1}{4}$ _____

08 0.32 _____

09 $\dfrac{11}{50}$ ▸ _____

10 0.89 _____

11 $\dfrac{13}{20}$ ▸ _____

12 $\dfrac{17}{25}$ ▸ _____

13 0.97 _____

14 0.34 _____

15 $\dfrac{13}{20}$ ▸ _____

16 $\dfrac{9}{50}$ _____

17 0.84 ▸ _____

18 $\dfrac{19}{25}$ ▸ _____

19 0.01 _____

20 0.08 _____

21 $\dfrac{3}{10}$ ▸ _____

비를 백분율로 나타내세요.   비율을 먼저 알아봐!

01 11 : 20

_____

02 9와 15의 비

_____

03 8에 대한 6의 비

_____

04 17 : 50

_____

05 5에 대한 3의 비

_____

06 6 대 20

_____

07 18 : 90

_____

08 28 : 70

_____

09 8에 대한 4의 비

_____

10 20 : 200

_____

11 9 대 18

_____

12 50에 대한 15의 비

_____

13 5 : 125

_____

14 49의 70에 대한 비

_____

15 50 : 200

_____

16 9 : 75

_____

17 4 : 200

_____

18 24 대 80

_____

19 8 : 40

_____

20 60에 대한 18의 비

_____

21 7 : 35

_____

😊 비를 백분율로 나타내세요.

01 25 : 125

02 30에 대한 27의 비

03 50에 대한 36의 비

04 63대 90

05 80에 대한 20의 비

06 18과 300의 비

07 16 : 40

08 19 : 20

09 30에 대한 21의 비

10 34와 50의 비

11 8 대 100

12 80에 대한 36의 비

13 16 : 25

14 45 대 75

15 90 : 180

16 30 : 600

17 5 : 50

18 49 : 700

19 3 : 10

20 19 대 25

21 6 : 40

23 Ⓐ 원래 가격에 대한 할인 금액의 비율은 할인율을 말해요

백분율은 할인율, 용액의 진하기 등 일상 속 다양한 곳에서 사용됩니다.
원래 가격에 대한 할인 금액의 비율은 할인율을 의미합니다. 보통 할인율은 백분율로 나타내어 사용합니다.

$$(할인율) = \frac{(할인\ 금액)}{(원래\ 가격)} \times 100$$

할인 금액은 원래 가격과 할인된 판매 가격의 차이야!
500원짜리를 400원에 판매 → 할인 금액 : 100원

각 상품의 원래 가격에 대한 할인 금액의 비율을 백분율로 나타내세요.

01
상품	연필	지우개	물감	붓	찰흙	샤프
원래 가격(원)	200	160	5000	2000	500	1500
할인된 판매 가격(원)	150	120	2500	1200	350	1185
할인 금액(원)	50	40	2500	800	150	315
원래 가격에 대한 할인 금액의 비율	50÷200=0.25 0.25×100=25 **25%**					

02
상품	클립	자	인형	샤프심	열쇠고리	장난감
원래 가격(원)	300	600	7000	800	1200	1800
할인된 판매 가격(원)	240	474	5250	560	1020	1476
할인 금액(원)	60	126	1750	240	180	324
원래 가격에 대한 할인 금액의 비율						

03
상품	볼펜	색연필	크레파스	머리끈	색종이	리본
원래 가격(원)	400	700	8000	900	1500	1300
할인된 판매 가격(원)	340	630	7120	783	1320	1092
할인 금액(원)	60	70	880	117	180	208
원래 가격에 대한 할인 금액의 비율						

할인 금액이 얼마인지
먼저 알아야겠어!

전단지의 할인 전 가격과 할인 후 가격을 보고 할인율이 몇 %인지 구하세요.

01

	할인 전	할인 후	할인율
감자	3000원	2790원	
오이	2000원	1320원	
무	1600원	1200원	

02

	할인 전	할인 후	할인율
김	5000원	4750원	
호박	3500원	3255원	
당근	1800원	1656원	

03

	할인 전	할인 후	할인율
감자칩	4000원	3720원	
사탕	3000원	2760원	
젤리	2000원	1940원	

04

	할인 전	할인 후	할인율
우산	4500원	4050원	
건전지	1200원	1008원	
휴지	1900원	1558원	

05

	할인 전	할인 후	할인율
물티슈	3400원	3026원	
형광펜	1800원	1530원	
볼펜	2000원	1740원	

06

	할인 전	할인 후	할인율
시금치	3000원	2610원	
상추	2000원	1660원	
깻잎	2500원	2125원	

07

	할인 전	할인 후	할인율
계란	2500원	2100원	
미역	3000원	2490원	
파	2000원	1760원	

08

	할인 전	할인 후	할인율
테이프	2800원	2268원	
색종이	2300원	2047원	
칼	1600원	1392원	

23 Ⓑ 소금물 양에 대한 소금 양의 비율은 소금물의 진하기를 말해요

소금물 양에 대한 소금 양의 비율은 소금물의 진하기를 의미합니다. 보통 진하기는 백분율로 나타내어 사용합니다.

$$(\text{소금물의 진하기}) = \frac{(\text{소금 양})}{(\text{소금물 양})} \times 100$$

 비율이 클수록 더 짜!

각 소금물의 소금물 양에 대한 소금 양의 비율을 백분율로 나타내세요.

01

소금물	A	B	C	D	E	F
소금물 양(g)	350	1000	60	270	160	400
소금 양(g)	70	50	12	27	8	48
소금물 양에 대한 소금 양의 비율	70÷350=0.2 0.2×100=20 **20%**					

02

소금물	A	B	C	D	E	F
소금물 양(g)	500	800	250	300	400	700
소금 양(g)	100	200	30	39	64	77
소금물 양에 대한 소금 양의 비율						

03

소금물	A	B	C	D	E	F
소금물 양(g)	800	700	600	500	1000	400
소금 양(g)	120	126	66	45	80	52
소금물 양에 대한 소금 양의 비율						

💧 각 컵에 담긴 소금물 양과 소금 양입니다. 소금물이 진한 순서대로 1부터 4까지의 수를 써 넣으세요.

01
☐ 소금물 250 g에 소금 60 g
☐ 소금물 240 g에 소금 36 g
☐ 소금물 50 g에 소금 15 g
☐ 소금물 10 g에 소금 4 g

02
☐ 소금물 300 g에 소금 30 g
☐ 소금물 250 g에 소금 30 g
☐ 소금물 100 g에 소금 13 g
☐ 소금물 200 g에 소금 28 g

3
PART

03
☐ 소금물 400 g에 소금 48 g
☐ 소금물 300 g에 소금 60 g
☐ 소금물 150 g에 소금 24 g
☐ 소금물 120 g에 소금 18 g

04
☐ 소금물 130 g에 소금 13 g
☐ 소금물 120 g에 소금 18 g
☐ 소금물 200 g에 소금 26 g
☐ 소금물 150 g에 소금 18 g

05
☐ 소금물 250 g에 소금 30 g
☐ 소금물 220 g에 소금 44 g
☐ 소금물 300 g에 소금 18 g
☐ 소금물 200 g에 소금 16 g

06
☐ 소금물 120 g에 소금 6 g
☐ 소금물 90 g에 소금 18 g
☐ 소금물 80 g에 소금 12 g
☐ 소금물 50 g에 소금 2 g

07
☐ 소금물 220 g에 소금 11 g
☐ 소금물 240 g에 소금 60 g
☐ 소금물 250 g에 소금 50 g
☐ 소금물 300 g에 소금 66 g

08
☐ 소금물 75 g에 소금 6 g
☐ 소금물 50 g에 소금 9 g
☐ 소금물 20 g에 소금 5 g
☐ 소금물 100 g에 소금 24 g

비의 비율을 기약분수 또는 소수로 나타내세요.

노란색 상자는 소수로,
빨간색 상자는 분수로
나타내자!

01

8에 대한 3의 비 : ☐/☐

02

3 대 10   : ____

03

4 : 13   : ☐/☐

04

8 : 40   : ____

05

3 대 5   : ☐/☐

06

20에 대한 9의 비 : ____

07

20에 대한 3의 비 : ☐/☐

08

40 : 50   : ____

09

10 : 8   : ☐/☐

10

11 대 44   : ____

11

12 대 5   : ☐/☐

12

7의 70에 대한 비 : ____

13

3의 6에 대한 비 : ☐/☐

14

15 대 4   : ____

15

10에 대한 12의 비 : ☐/☐

16

30에 대한 15의 비 : ____

17

9 : 12   : ☐/☐

18

13 : 52   : ____

🐌 비를 백분율로 나타내세요.

01 30 : 120

_____

02 50에 대한 27의 비

_____

03 18과 30의 비

_____

04 80에 대한 64의 비

_____

05 24와 60의 비

_____

06 25의 500에 대한 비

_____

07 8 : 160

_____

08 17 : 20

_____

09 30에 대한 24의 비

_____

10 11 대 20

_____

11 100에 대한 7의 비

_____

12 80에 대한 44의 비

_____

13 24 : 40

_____

14 45와 125의 비

_____

15 80 : 160

_____

16 40 대 500

_____

17 16 : 64

_____

18 45와 900의 비

_____

19 7 : 10

_____

20 25에 대한 23의 비

_____

21 8 : 50

_____

🔍 비의 비율을 기약분수 또는 소수로 나타내세요.

01

6 : 8   : ⬚/⬚

02

3 대 20   : ____

03

11에 대한 4의 비 : ⬚/⬚

04

8 : 20   : ____

05

6 대 5   : ⬚/⬚

06

9와 45의 비   : ____

07

6 : 20   : ⬚/⬚

08

35 : 50   : ____

09

9에 대한 12의 비 : ⬚/⬚

10

12 대 48   : ____

11

11의 4에 대한 비 : ⬚/⬚

12

15의 50에 대한 비 : ____

13

2 대 3   : ⬚/⬚

14

9 대 45   : ____

15

16에 대한 24의 비 : ⬚/⬚

16

72에 대한 18의 비 : ____

17

12 : 8   : ⬚/⬚

18

4 : 50   : ____

🐛 비를 백분율로 나타내세요.

01 20 : 80

_____

02 37 대 50

_____

03 40에 대한 24의 비

_____

04 24와 120의 비

_____

05 90에 대한 72의 비

_____

06 72와 400의 비

_____

07 9 대 90

_____

08 11 : 20

_____

09 16에 대한 12의 비

_____

10 80에 대한 44의 비

_____

11 19 대 100

_____

12 45와 90의 비

_____

13 60 : 300

_____

14 500에 대한 15의 비

_____

15 144 : 160

_____

16 13 대 52

_____

17 90 : 200

_____

18 800에 대한 792의 비

_____

19 5 : 125

_____

20 24와 25의 비

_____

21 49 : 50

_____

그림을 보고 전체에 대한 색칠한 부분의 비율을 백분율로 나타내세요.

01

_____

02

_____

03

_____

04

_____

05

_____

06

_____

07

_____

08

_____

09

_____

10

_____

11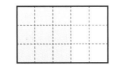

_____

12

_____

13

_____

14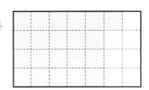

_____

15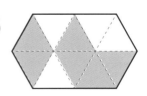

_____

16

_____

17

_____

18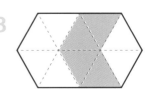

_____

🧑 그림을 보고 전체에 대한 색칠한 부분의 비율을 백분율로 나타내세요.

01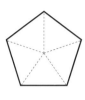
_____

02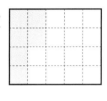
_____

03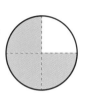
_____

04
_____

05
_____

06
_____

07
_____

08
_____

09
_____

10
_____

11
_____

12
_____

13
_____

14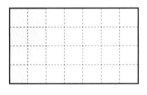
_____

15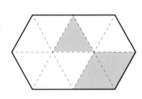
_____

16
_____

17
_____

18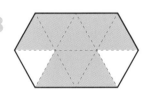
_____

01 비를 보고 빈칸에 알맞은 수를 써넣으세요.

13 : 2

기준량 : ☐

비교하는 양 : ☐

6에 대한 1의 비

기준량 : ☐

비교하는 양 : ☐

4의 7에 대한 비

기준량 : ☐

비교하는 양 : ☐

02 그림을 보고 빈칸에 알맞은 수를 써넣으세요.

자전거 수와 오토바이 수의 비 ➡ ☐ : ☐

자전거 수의 오토바이 수에 대한 비 ➡ ☐ : ☐

자전거 수에 대한 오토바이 수의 비 ➡ ☐ : ☐

03 그림을 보고 전체에 대한 색칠한 부분의 비율을 백분율로 나타내세요.

⟶ _____

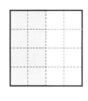

⟶ _____

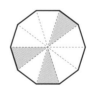

⟶ _____

04 서로 관계있는 것끼리 이으세요.

5 : 4	•	• $\dfrac{5}{4}$ •	• 50%		
18에 대한 9의 비	•	• 1.2 •	• 125%		
5의 50에 대한 비	•	• $\dfrac{1}{2}$ •	• 10%		
18과 15의 비	•	• 0.1 •	• 120%		

3 PART

05 기준량이 비교하는 양보다 큰 경우를 모두 찾아 ◯표 하세요.

$$220\% \qquad 1.5 \qquad \dfrac{9}{11} \qquad 1 \qquad 11\% \qquad \dfrac{10}{5} \qquad 1:9$$

06 정화는 올해 책 200권을 읽는 것이 목표입니다. 지금까지 76권을 읽었다면 목표한 책 권수에 대한 남은 책 권수의 비율이 몇 %인지 쓰세요.

답 : _____

07 마트에서 2500원인 감자칩을 1750원, 3200원인 사탕을 2400원으로 할인 판매하고 있습니다. 둘 중 할인율이 높은 간식을 사려고 할 때, 어떤 간식을 사야 하는지 쓰세요.

답 : _____

다음과 같은 규칙을 갖는 고리를 만드세요.

[규칙]

① 칸을 따라 하나의 고리가 그려집니다.

② 고리는 중간에 갈라지거나 끊어지지 않으며 선끼리 겹치지 않습니다.

③ 퍼즐 안의 수는 칸을 둘러싸는 네 개의 선분 중 고리의 일부가 되는 선분의 개수입니다.

(예시)

4	1
1	0

3	3
1	?

1	3	2 ×	0 ×
?	?	2	1
3	0	2	1
?	3	?	0

0이 적힌 칸을 둘러싼 선분에 X표를 먼저 치고 생각해 봐! 그리고 2번 규칙이 큰 힌트가 될 수 있어!

직육면체의 부피와 겉넓이

PART 4

---

① 차시별로 정답률을 확인하고, 성취도에 ○표 하세요.

😊 80% 이상 맞혔어요.   😐 60%~80% 맞혔어요.   😣 60% 이하 맞혔어요.

차시	단원	성취도		
26	직육면체의 겉넓이	😊	😐	😣
27	직육면체의 겉넓이 연습	😊	😐	😣
28	직육면체의 부피	😊	😐	😣
29	직육면체의 부피 연습	😊	😐	😣
30	부피의 단위 변환	😊	😐	😣
31	직육면체의 부피와 겉넓이 연습 1	😊	😐	😣
32	직육면체의 부피와 겉넓이 연습 2	😊	😐	😣

직육면체의 부피는 가로, 세로, 높이를 곱해 구합니다.

26 Ⓐ 겉넓이는 물체의 겉면의 넓이를 말해요

직육면체의 겉넓이는 여섯 면의 넓이를 모두 더해 구합니다.

겉넓이의 단위는 넓이의 단위와 같아!

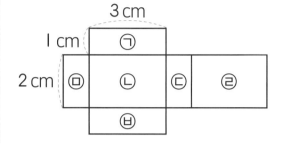

(겉넓이)=㉠+㉡+㉢+㉣+㉤+㉥
=22 (cm²)

직육면체의 성질을 이용하면 보다 편리하게 계산할 수 있습니다. 직육면체는 합동인 면이 3쌍이므로 세 면의 넓이의 합에 2배를 하여 구할 수 있습니다.

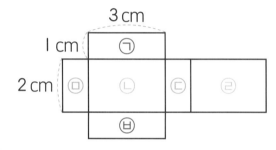

㉠=㉥
㉡=㉣
㉢=㉤

(겉넓이)
=(㉠+㉡+㉢)×2
=(3×1+3×2+1×2)×2
=22 (cm²)

직육면체의 겉넓이를 구하세요.

01

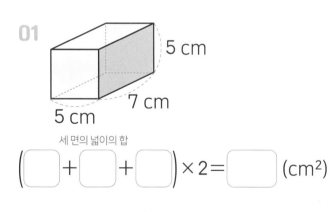
5 cm
7 cm
5 cm

세 면의 넓이의 합
(⬚ + ⬚ + ⬚) × 2 = ⬚ (cm²)

02

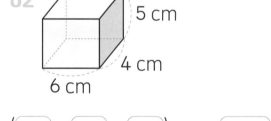
5 cm
4 cm
6 cm

(⬚ + ⬚ + ⬚) × 2 = ⬚ (cm²)

03

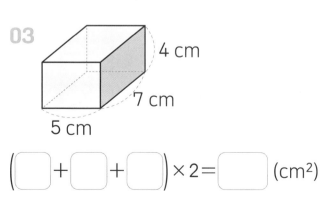
4 cm
7 cm
5 cm

(⬚ + ⬚ + ⬚) × 2 = ⬚ (cm²)

04

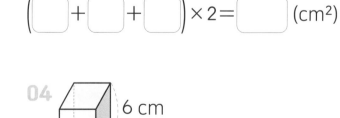
6 cm
3 cm
4 cm

(⬚ + ⬚ + ⬚) × 2 = ⬚ (cm²)

먼저 한 꼭짓점에서 만나는
세 면의 넓이를 구해 보자!

직육면체의 겉넓이를 구하세요.

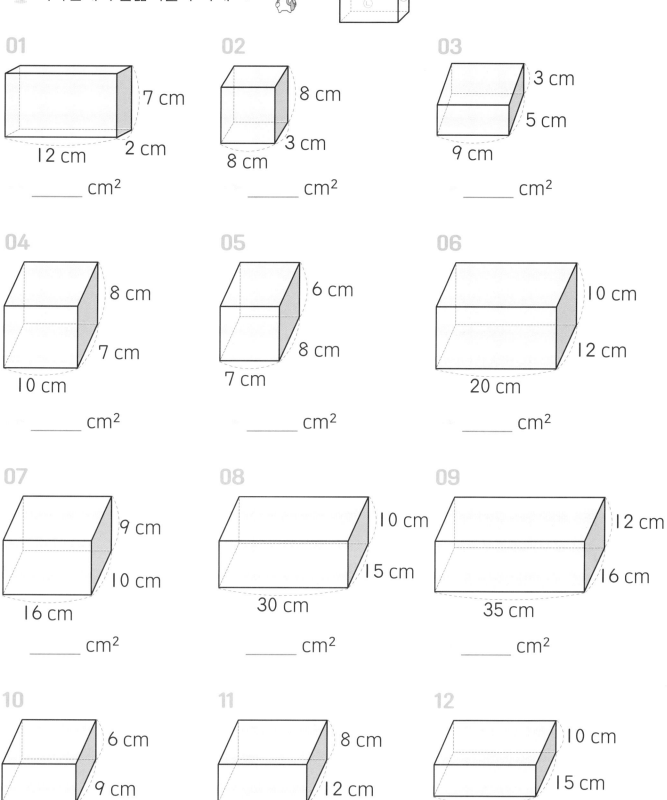

01

7 cm
2 cm
12 cm
_____ cm²

02

8 cm
3 cm
8 cm
_____ cm²

03

3 cm
5 cm
9 cm
_____ cm²

04

8 cm
7 cm
10 cm
_____ cm²

05

6 cm
8 cm
7 cm
_____ cm²

06

10 cm
12 cm
20 cm
_____ cm²

07

9 cm
10 cm
16 cm
_____ cm²

08

10 cm
15 cm
30 cm
_____ cm²

09

12 cm
16 cm
35 cm
_____ cm²

10

6 cm
9 cm
12 cm
_____ cm²

11

8 cm
12 cm
20 cm
_____ cm²

12

10 cm
15 cm
30 cm
_____ cm²

26 B 전개도로 겉넓이를 구할 때는 이 방법이 편리해요

직육면체의 겉넓이는 옆면의 넓이와 두 밑면의 넓이를 더해 구할 수 있습니다. 옆면의 넓이는 네 옆면을 하나의 직사각형으로 생각하여 가로를 모두 더한 뒤, 세로를 곱해 구합니다.

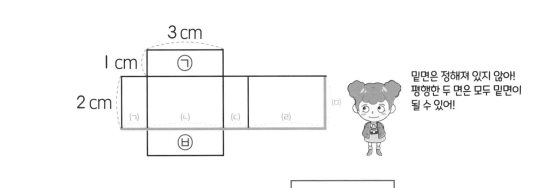

밑면은 정해져 있지 않아! 평행한 두 면은 모두 밑면이 될 수 있어!

(옆면의 넓이)$=((ㄱ)+(ㄴ)+(ㄷ)+(ㄹ))×(ㅁ)$
$=(1+3+1+3)×2$
$=16 (cm^2)$

(겉넓이)$=(옆면의 넓이)+ㄱ×2$
$=16+(3×1)×2$
$=22 (cm^2)$

 바닥에 맞닿은 면을 밑면으로 생각하여 직육면체의 겉넓이를 구하세요.

밑면 중에 하나를 분홍색으로 칠했어!

01

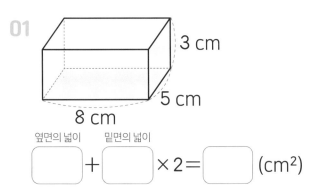

3 cm
5 cm
8 cm

옆면의 넓이 　밑면의 넓이
☐ ＋ ☐ ×2＝ ☐ (cm²)

02

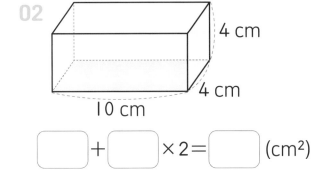

4 cm
4 cm
10 cm

☐ ＋ ☐ ×2＝ ☐ (cm²)

03

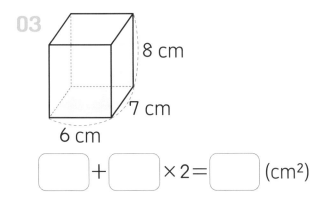

8 cm
7 cm
6 cm

☐ ＋ ☐ ×2＝ ☐ (cm²)

04

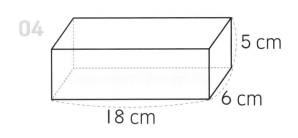

5 cm
6 cm
18 cm

☐ ＋ ☐ ×2＝ ☐ (cm²)

🐰 직육면체의 겉넓이를 구하세요.

전개도의 모양에 따라
계산하기 편리한 방법으로
구해 보자!

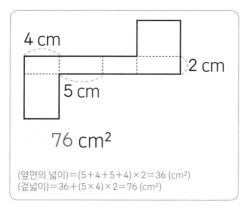

4 cm

2 cm

5 cm

76 cm²

(옆면의 넓이)=(5+4+5+4)×2=36 (cm²)
(겉넓이)=36+(5×4)×2=76 (cm²)

01

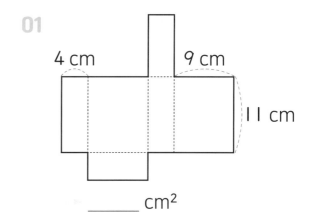

4 cm   9 cm

11 cm

_____ cm²

02

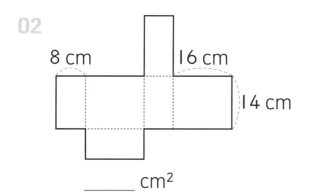

8 cm   16 cm

14 cm

_____ cm²

03

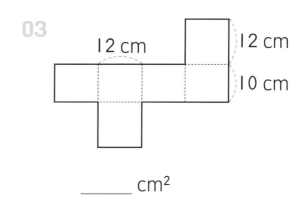

12 cm   12 cm

10 cm

_____ cm²

04

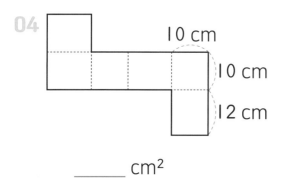

10 cm

10 cm

12 cm

_____ cm²

05

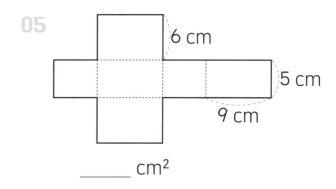

6 cm

5 cm

9 cm

_____ cm²

06

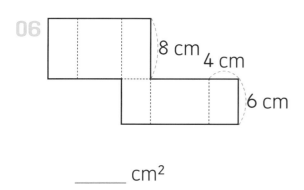

8 cm
4 cm

6 cm

_____ cm²

07

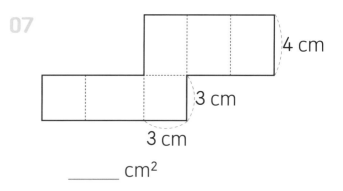

4 cm

3 cm

3 cm

_____ cm²

정육면체는 직육면체에 포함돼요

직육면체와 정육면체의 겉넓이를 구하세요.

정육면체는 모든 면의 넓이가 같으니까
(한 면의 넓이)×6으로 구하면 돼!

01

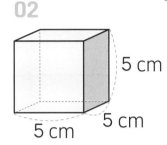

4 cm
6 cm
10 cm

_____ cm²

02

5 cm
5 cm
5 cm

_____ cm²

03

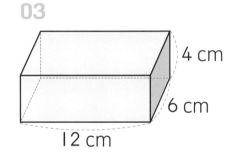

4 cm
6 cm
12 cm

_____ cm²

04

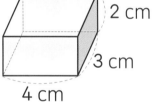

2 cm
3 cm
4 cm

_____ cm²

05

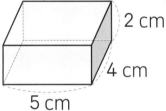

2 cm
4 cm
5 cm

_____ cm²

06

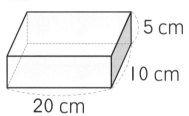

5 cm
10 cm
20 cm

_____ cm²

07

7 cm
7 cm
7 cm

_____ cm²

08

4 cm
6 cm
10 cm

_____ cm²

09

8 cm
3 cm
14 cm

_____ cm²

10

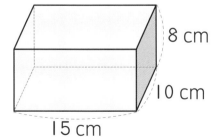

8 cm
10 cm
15 cm

_____ cm²

11

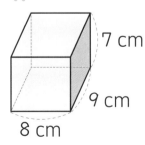

7 cm
9 cm
8 cm

_____ cm²

12

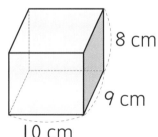

8 cm
9 cm
10 cm

_____ cm²

🐌 직육면체와 정육면체의 겉넓이를 구하세요.

01

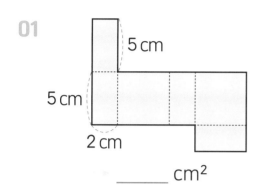

5 cm
5 cm
2 cm

_____ cm²

02

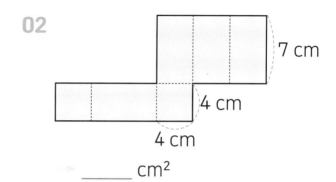

7 cm
4 cm
4 cm

_____ cm²

03

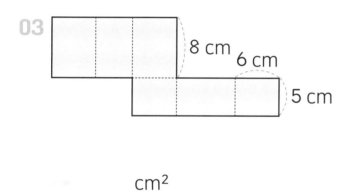

8 cm
6 cm
5 cm

_____ cm²

04

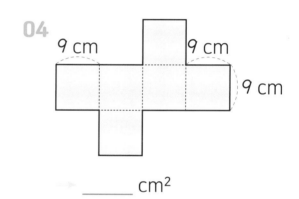

9 cm
9 cm
9 cm

_____ cm²

05

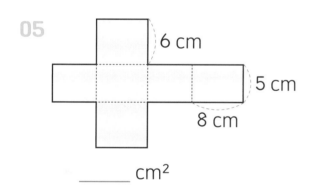

6 cm
5 cm
8 cm

_____ cm²

06

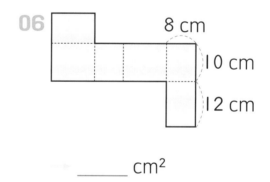

8 cm
10 cm
12 cm

_____ cm²

07

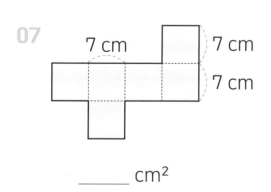

7 cm
7 cm
7 cm

_____ cm²

08

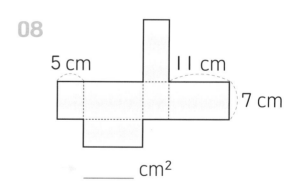

5 cm
11 cm
7 cm

_____ cm²

직육면체와 정육면체의 겉넓이를 구하세요. 편리한 방법으로 계산해!

01

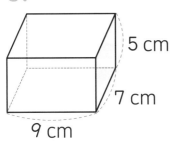

5 cm
7 cm
9 cm

_____ cm²

02

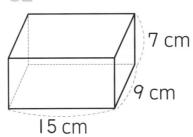

7 cm
9 cm
15 cm

_____ cm²

03

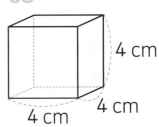

4 cm
4 cm
4 cm

_____ cm²

04

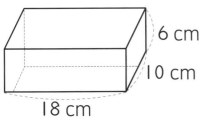

6 cm
10 cm
18 cm

_____ cm²

05

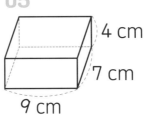

4 cm
7 cm
9 cm

_____ cm²

06

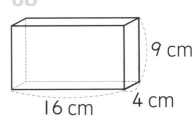

9 cm
4 cm
16 cm

_____ cm²

07

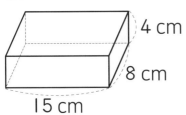

4 cm
8 cm
15 cm

_____ cm²

08

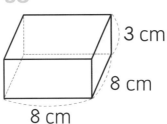

3 cm
8 cm
8 cm

_____ cm²

09

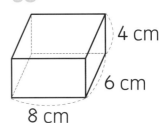

4 cm
6 cm
8 cm

_____ cm²

10

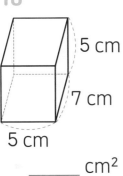

5 cm
7 cm
5 cm

_____ cm²

11

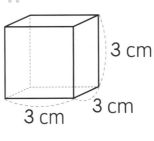

3 cm
3 cm
3 cm

_____ cm²

12

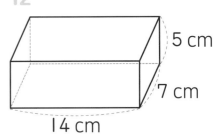

5 cm
7 cm
14 cm

_____ cm²

🔎 직육면체와 정육면체의 겉넓이를 구하세요.

01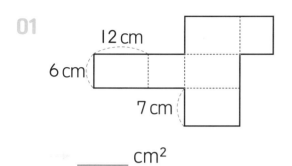

12 cm

6 cm

7 cm

_____ cm²

02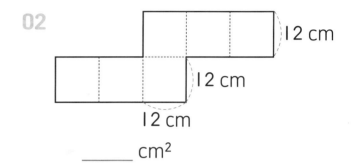

12 cm

12 cm

12 cm

_____ cm²

03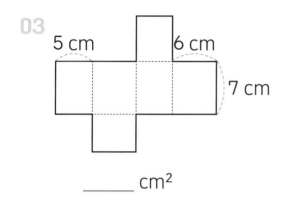

5 cm   6 cm

7 cm

_____ cm²

04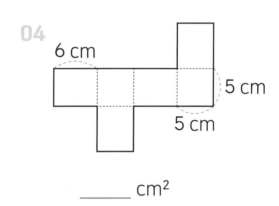

6 cm

5 cm

5 cm

_____ cm²

05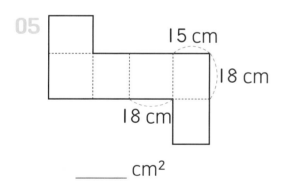

15 cm

18 cm

18 cm

_____ cm²

06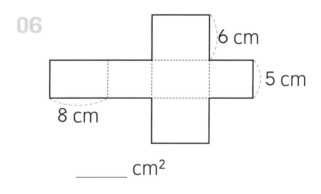

6 cm

5 cm

8 cm

_____ cm²

07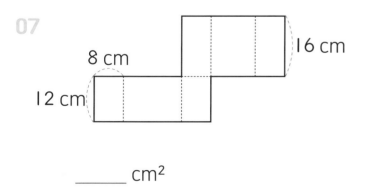

16 cm

8 cm

12 cm

_____ cm²

08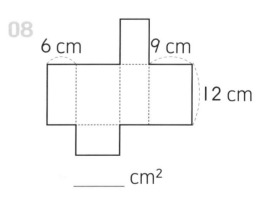

6 cm   9 cm

12 cm

_____ cm²

28 A 직육면체의 부피

부피는 입체도형이 공간에서 차지하는 크기를 말해요

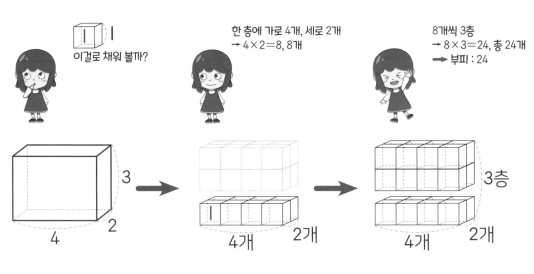

직육면체의 부피는 가로, 세로, 높이를 곱해 구합니다. 부피가 1인 정육면체로 가득 채웠을 때의 정육면체 개수로 직육면체의 부피를 이해할 수 있습니다.

I
이걸로 채워 볼까?

한 층에 가로 4개, 세로 2개
→ 4×2=8, 8개

8개씩 3층
→ 8×3=24, 총 24개
➡ 부피 : 24

3
4
2

I
4개   2개

3층
4개   2개

$$(직육면체의\ 부피)=(가로)\times(세로)\times(높이)$$

직육면체와 정육면체의 부피를 구하세요.

정육면체는 모든 모서리의 길이가 같으니까 한 모서리의 길이를 3번 곱해서 계산해!

01
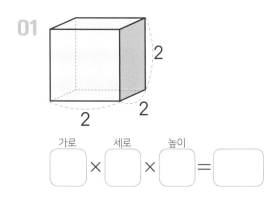

2
2
2

가로 ☐ × 세로 ☐ × 높이 ☐ = ☐

02
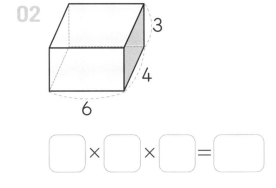

3
4
6

☐ × ☐ × ☐ = ☐

03
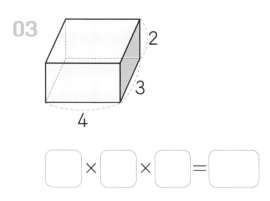

2
3
4

☐ × ☐ × ☐ = ☐

04
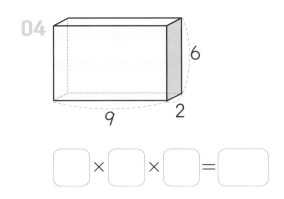

6
9
2

☐ × ☐ × ☐ = ☐

부피의 단위에는 cm³, m³가 있으며, cm³는 세제곱센티미터, m³는 세제곱미터라고 읽습니다. 가로, 세로, 높이의 단위에 따라 부피의 단위도 달라집니다.

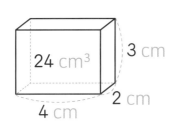 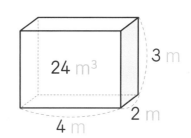

🔍 직육면체와 정육면체의 부피를 구하세요.

모서리의 단위에 주목해!

4 PART

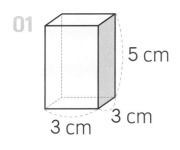
01

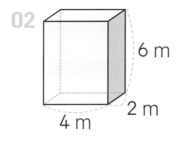
02

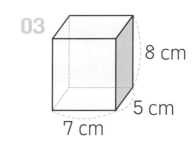
03

_____

_____

_____

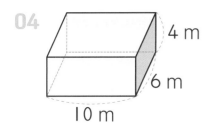
04

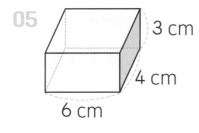
05

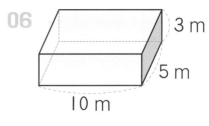
06

_____

_____

_____

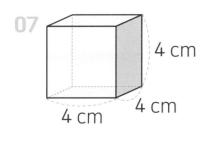
07

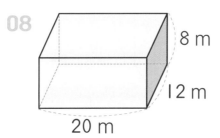
08

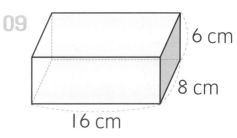
09

_____

_____

_____

🐌 직육면체와 정육면체의 부피를 구하세요.

01
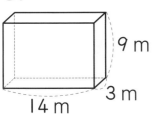
9 m
3 m
14 m

_____

02
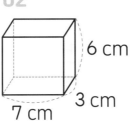
6 cm
3 cm
7 cm

_____

03
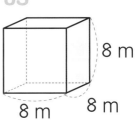
8 m
8 m
8 m

_____

04
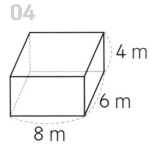
4 m
6 m
8 m

_____

05
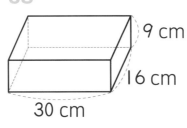
9 cm
16 cm
30 cm

_____

06
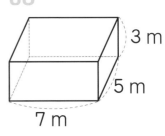
3 m
5 m
7 m

_____

07
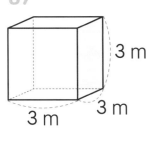
3 m
3 m
3 m

_____

08
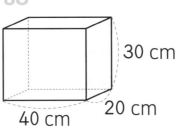
30 cm
20 cm
40 cm

_____

09
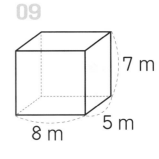
7 m
5 m
8 m

_____

10
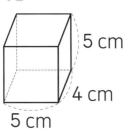
5 cm
4 cm
5 cm

_____

11
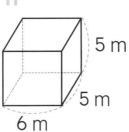
5 m
5 m
6 m

_____

12
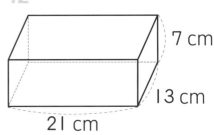
7 cm
13 cm
21 cm

_____

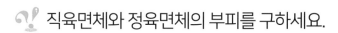 직육면체와 정육면체의 부피를 구하세요.

단위를 빠트리지 마!

01

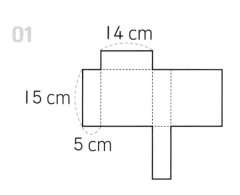

14 cm
15 cm
5 cm

_____

02

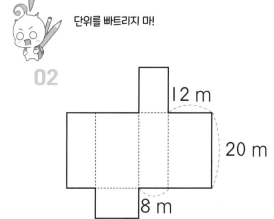

12 m
20 m
8 m

_____

03

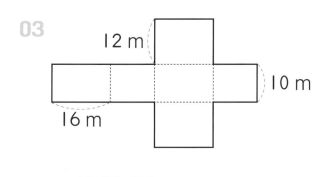

12 m
10 m
16 m

_____

04

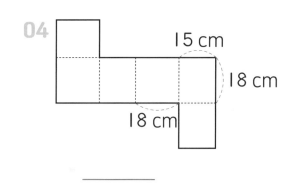

15 cm
18 cm
18 cm

_____

05

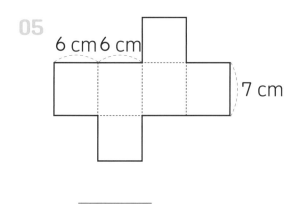

6 cm 6 cm
7 cm

_____

06

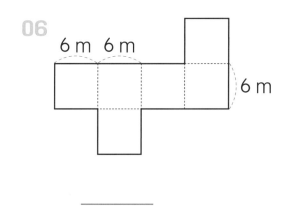

6 m 6 m
6 m

_____

07

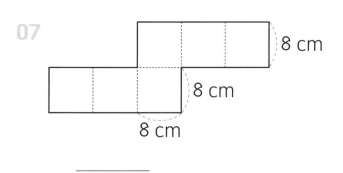

8 cm
8 cm
8 cm

_____

08

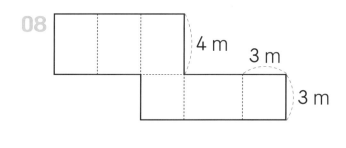

4 m
3 m
3 m

_____

직육면체와 정육면체의 부피를 구하세요.

01

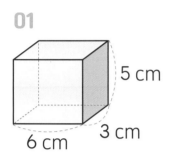

5 cm
6 cm   3 cm

_____

02

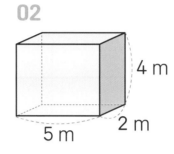

4 m
5 m   2 m

_____

03

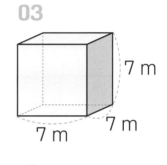

7 m
7 m   7 m

_____

04

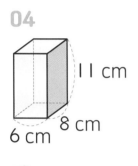

11 cm
6 cm   8 cm

_____

05

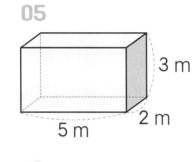

3 m
5 m   2 m

_____

06

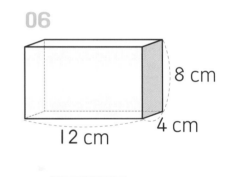

8 cm
12 cm   4 cm

_____

07

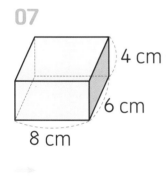

4 cm
6 cm
8 cm

_____

08

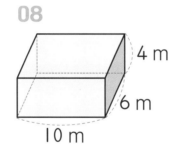

4 m
6 m
10 m

_____

09

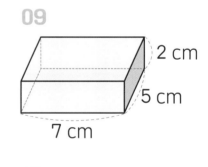

2 cm
5 cm
7 cm

_____

10

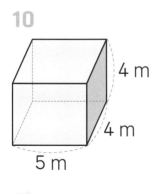

4 m
4 m
5 m

_____

11

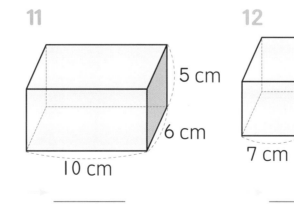

5 cm
6 cm
10 cm

_____

12

7 cm
8 cm
7 cm

_____

🐌 직육면체와 정육면체의 부피를 구하세요.

01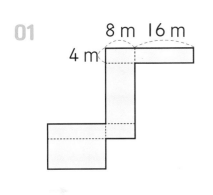

_____

02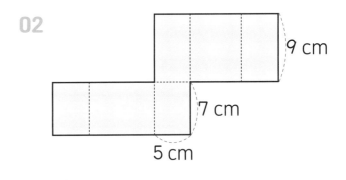

_____

03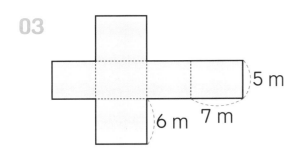

_____

04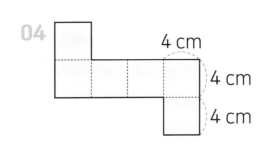

_____

05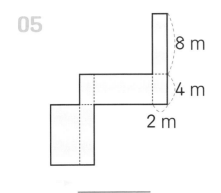

_____

06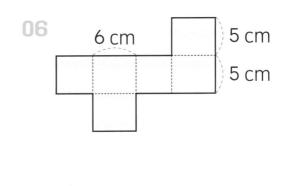

_____

07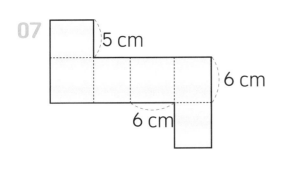

_____

08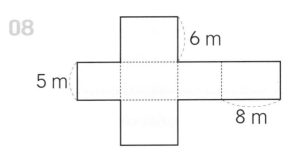

_____

29 B 직육면체의 부피 연습
단위 쓰는 것을 잊지 말아요

직육면체와 정육면체의 부피를 구하세요.

01

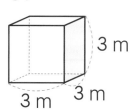

3 m
3 m
3 m

_____

02

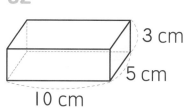

3 cm
5 cm
10 cm

_____

03

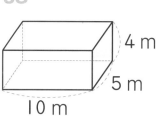

4 m
5 m
10 m

_____

04

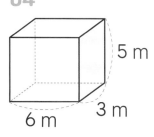

5 m
3 m
6 m

_____

05

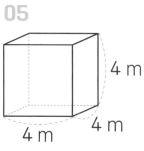

4 m
4 m
4 m

_____

06

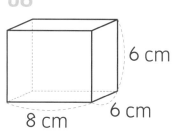

6 cm
6 cm
8 cm

_____

07

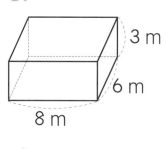

3 m
6 m
8 m

_____

08

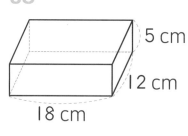

5 cm
12 cm
18 cm

_____

09

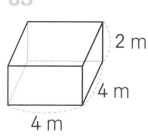

2 m
4 m
4 m

_____

10

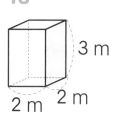

3 m
2 m
2 m

_____

11

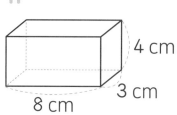

4 cm
3 cm
8 cm

_____

12

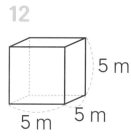

5 m
5 m
5 m

_____

🔍 직육면체와 정육면체의 부피를 구하세요.

01
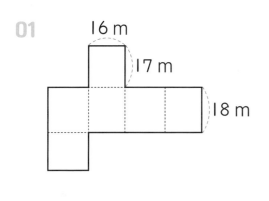

02
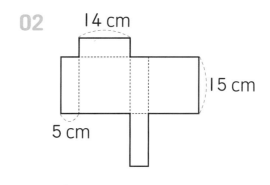

03
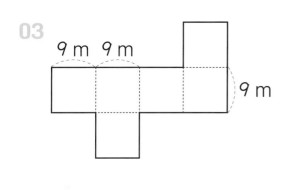

04
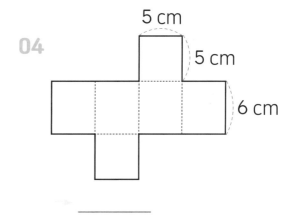

05
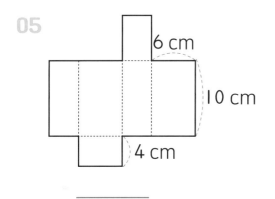

06
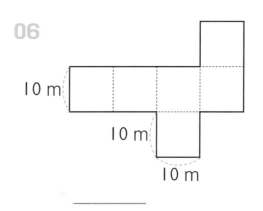

07
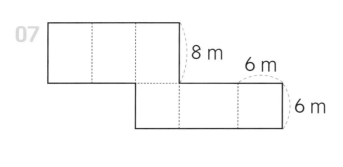

08
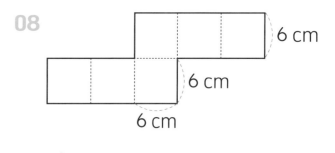

30 Ⓐ 단위끼리 서로 바꾸어 나타낼 수 있어요

부피의 단위끼리 서로 바꾸어 나타낼 수 있습니다.

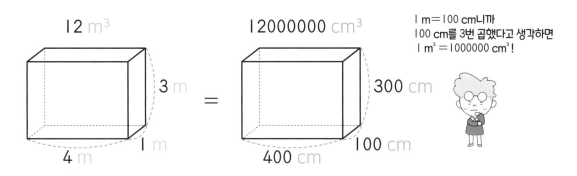

$1 \text{ m}=100 \text{ cm}$니까
100 cm를 3번 곱했다고 생각하면
$1 \text{ m}^3=1000000 \text{ cm}^3$!

$12 \text{ m}^3=4 \text{ m} \times 1 \text{ m} \times 3 \text{ m}=400 \text{ cm} \times 100 \text{ cm} \times 300 \text{ cm}=12000000 \text{ cm}^3$

$\longrightarrow 12 \text{ m}^3=12000000 \text{ cm}^3$

🎐 빈칸에 알맞은 수를 써넣으세요.

01 $2 \text{ m}^3=\boxed{} \text{ cm}^3$

02 $3000000 \text{ cm}^3=\boxed{} \text{ m}^3$

03 $0.05 \text{ m}^3=\boxed{} \text{ cm}^3$

04 $2500000 \text{ cm}^3=\boxed{} \text{ m}^3$

05 $1.2 \text{ m}^3=\boxed{} \text{ cm}^3$

06 $4100000 \text{ cm}^3=\boxed{} \text{ m}^3$

07 $40 \text{ m}^3=\boxed{} \text{ cm}^3$

08 $10000000 \text{ cm}^3=\boxed{} \text{ m}^3$

09 $3.3 \text{ m}^3=\boxed{} \text{ cm}^3$

10 $950000 \text{ cm}^3=\boxed{} \text{ m}^3$

😊 빈칸에 알맞은 수를 써넣으세요.

 m³를 cm³로 바꾸면 0이 6개 늘어나!

01 5 m³ = [   ] cm³

02 11000000 cm³ = [   ] m³

03 70 m³ = [   ] cm³

04 150000 cm³ = [   ] m³

05 0.08 m³ = [   ] cm³

06 9000000 cm³ = [   ] m³

07 8.1 m³ = [   ] cm³

08 56000000 cm³ = [   ] m³

09 72 m³ = [   ] cm³

10 2200000 cm³ = [   ] m³

11 6 m³ = [   ] cm³

12 50000000 cm³ = [   ] m³

13 0.44 m³ = [   ] cm³

14 9900000 cm³ = [   ] m³

직육면체와 정육면체의 부피를 구하세요. 주어진 부피의 단위로 통일시켜!

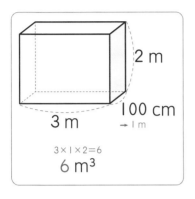

2 m
100 cm
→ 1 m
3 m

3×1×2=6
6 m³

01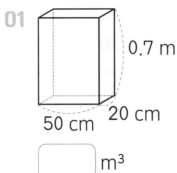

0.7 m
20 cm
50 cm

◻ m³

02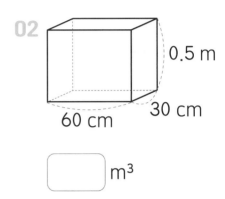

0.5 m
30 cm
60 cm

◻ m³

03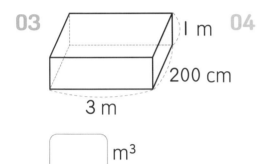

1 m
200 cm
3 m

◻ m³

04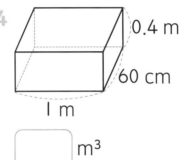

0.4 m
60 cm
1 m

◻ m³

05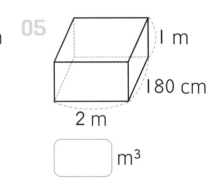

1 m
180 cm
2 m

◻ m³

06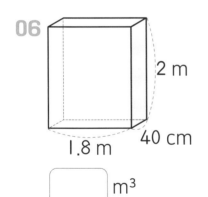

2 m
40 cm
1.8 m

◻ m³

07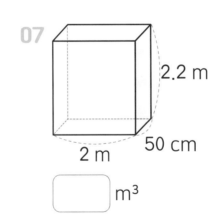

2.2 m
50 cm
2 m

◻ m³

08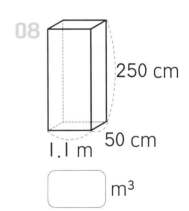

250 cm
50 cm
1.1 m

◻ m³

09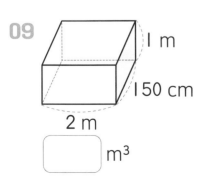

1 m
150 cm
2 m

◻ m³

10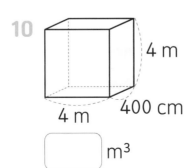

4 m
400 cm
4 m

◻ m³

11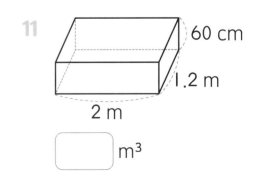

60 cm
1.2 m
2 m

◻ m³

🐌 직육면체와 정육면체의 부피를 구하세요.

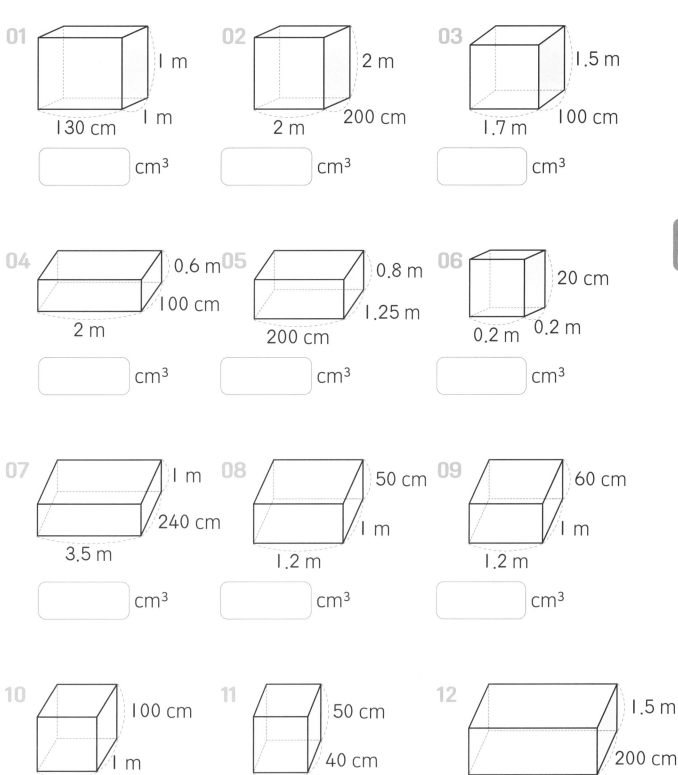

01   1 m, 130 cm, 1 m
　　　[　　　] cm³

02   2 m, 2 m, 200 cm
　　　[　　　] cm³

03   1.5 m, 1.7 m, 100 cm
　　　[　　　] cm³

04   0.6 m, 100 cm, 2 m
　　　[　　　] cm³

05   0.8 m, 1.25 m, 200 cm
　　　[　　　] cm³

06   20 cm, 0.2 m, 0.2 m
　　　[　　　] cm³

07   1 m, 240 cm, 3.5 m
　　　[　　　] cm³

08   50 cm, 1 m, 1.2 m
　　　[　　　] cm³

09   60 cm, 1 m, 1.2 m
　　　[　　　] cm³

10   100 cm, 1 m, 1.2 m
　　　[　　　] cm³

11   50 cm, 40 cm, 0.5 m
　　　[　　　] cm³

12   1.5 m, 200 cm, 4.5 m
　　　[　　　] cm³

옆면의 넓이를 먼저 알아보자!

직육면체의 겉넓이를 보고 빈칸에 알맞은 수를 써넣으세요.

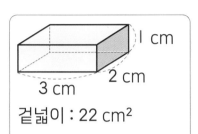

겉넓이 : 22 cm²

(겉넓이)=(옆면의 넓이)+(밑면의 넓이)×2
(옆면의 넓이)+3×2×2=22
(옆면의 넓이)=10
(3+2+3+2)×□=10
□=1

01

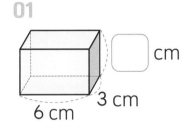

6 cm 3 cm ☐ cm

겉넓이 : 108 cm²

02

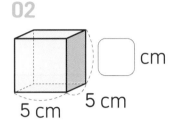

5 cm 5 cm ☐ cm

겉넓이 : 150 cm²

03

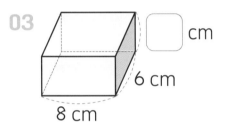

8 cm 6 cm ☐ cm

겉넓이 : 208 cm²

04

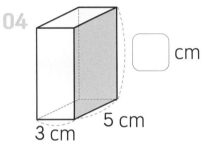

3 cm 5 cm ☐ cm

겉넓이 : 142 cm²

05

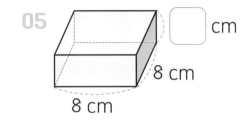

8 cm 8 cm ☐ cm

겉넓이 : 256 cm²

06

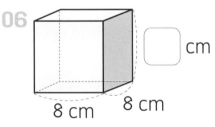

8 cm 8 cm ☐ cm

겉넓이 : 384 cm²

07

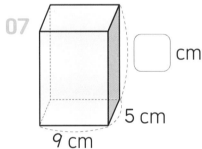

9 cm 5 cm ☐ cm

겉넓이 : 426 cm²

08

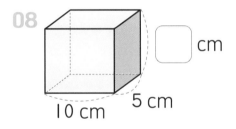

10 cm 5 cm ☐ cm

겉넓이 : 370 cm²

09

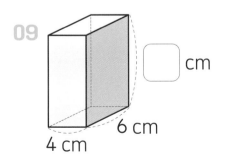

4 cm 6 cm ☐ cm

겉넓이 : 248 cm²

10

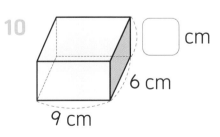

9 cm 6 cm ☐ cm

겉넓이 : 228 cm²

11

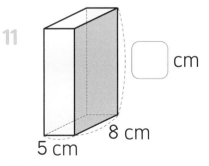

5 cm 8 cm ☐ cm

겉넓이 : 496 cm²

🐨 직육면체의 겉넓이를 보고 빈칸에 알맞은 수를 써넣으세요.

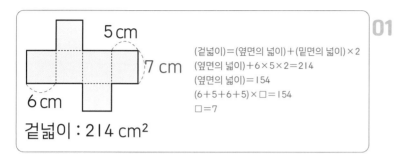

5 cm
7 cm
6 cm

(겉넓이)＝(옆면의 넓이)＋(밑면의 넓이)×2
(옆면의 넓이)＋6×5×2＝214
(옆면의 넓이)＝154
(6＋5＋6＋5)×□＝154
□＝7

겉넓이 : 214 cm²

01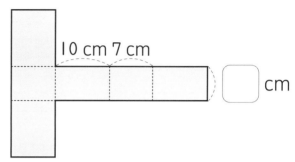

10 cm 7 cm ☐ cm

겉넓이 : 276 cm²

02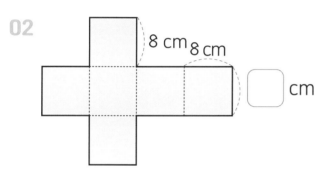

8 cm 8 cm ☐ cm

겉넓이 : 384 cm²

03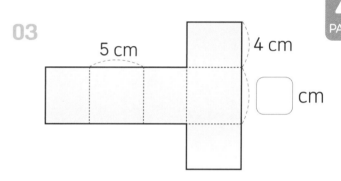

5 cm 4 cm ☐ cm

겉넓이 : 130 cm²

04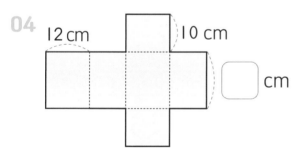

12 cm 10 cm ☐ cm

겉넓이 : 900 cm²

05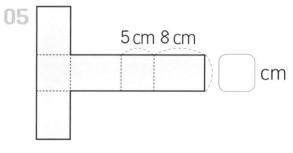

5 cm 8 cm ☐ cm

겉넓이 : 236 cm²

06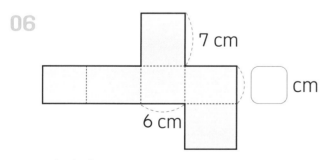

7 cm 6 cm ☐ cm

겉넓이 : 214 cm²

07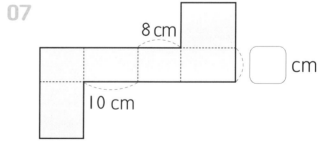

8 cm 10 cm ☐ cm

겉넓이 : 376 cm²

직육면체의 부피를 보고 빈칸에 알맞은 수를 써넣으세요.

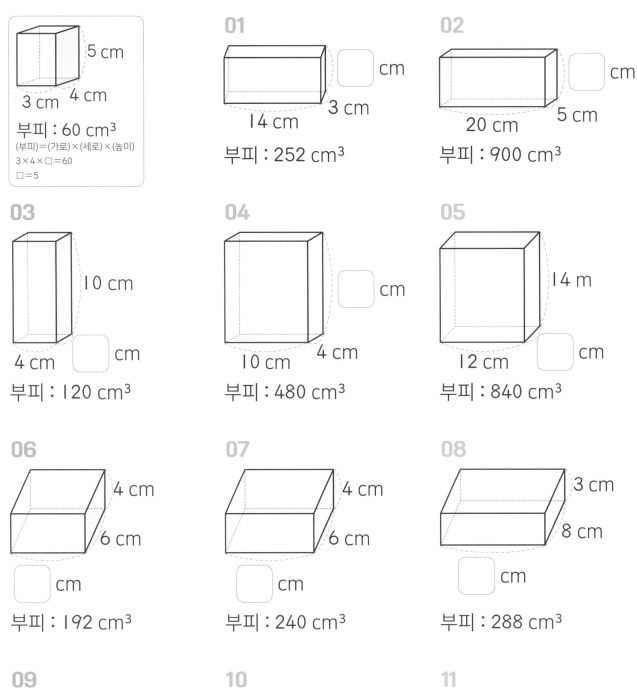

5 cm
4 cm
3 cm
부피 : 60 cm³
(부피)＝(가로)×(세로)×(높이)
3×4×□＝60
□＝5

01
☐ cm
3 cm
14 cm
부피 : 252 cm³

02
☐ cm
5 cm
20 cm
부피 : 900 cm³

03
10 cm
4 cm ☐ cm
부피 : 120 cm³

04
☐ cm
10 cm 4 cm
부피 : 480 cm³

05
14 m
12 cm ☐ cm
부피 : 840 cm³

06
4 cm
6 cm
☐ cm
부피 : 192 cm³

07
4 cm
6 cm
☐ cm
부피 : 240 cm³

08
3 cm
8 cm
☐ cm
부피 : 288 cm³

09
4 cm
☐ cm
8 cm
부피 : 192 cm³

10
3 cm
☐ cm
12 cm
부피 : 252 cm³

11
☐ cm
8 m
10 cm
부피 : 320 cm³

🧑 직육면체의 부피를 보고 빈칸에 알맞은 수를 써넣으세요.

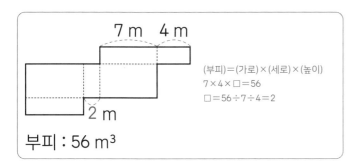

(부피)=(가로)×(세로)×(높이)
7×4×□=56
□=56÷7÷4=2

부피 : 56 m³

01

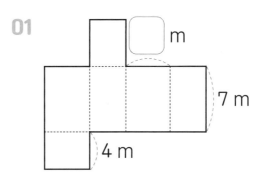

부피 : 140 m³

02

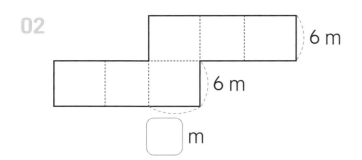

부피 : 252 m³

03

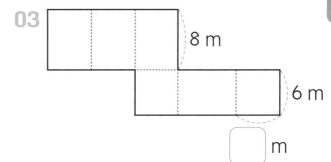

부피 : 288 m³

04

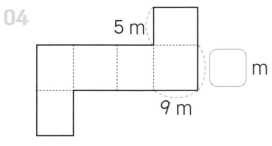

부피 : 405 m³

05

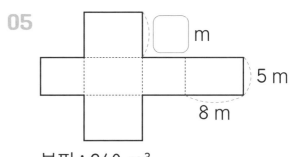

부피 : 240 m³

06

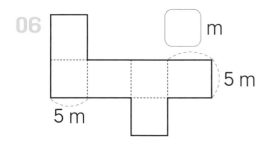

부피 : 150 m³

07

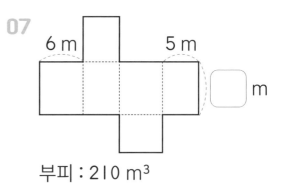

부피 : 210 m³

직육면체와 정육면체의 겉넓이와 부피를 구하세요.

01

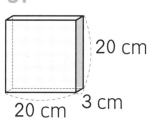

20 cm
20 cm 3 cm

겉넓이 : _____

부피 : _____

02

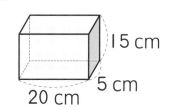

15 cm
5 cm
20 cm

겉넓이 : _____

부피 : _____

03

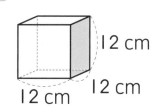

12 cm
12 cm 12 cm

겉넓이 : _____

부피 : _____

04

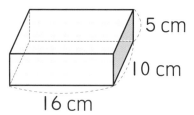

5 cm
10 cm
16 cm

겉넓이 : _____

부피 : _____

05

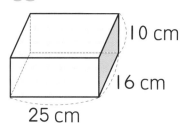

10 cm
16 cm
25 cm

겉넓이 : _____

부피 : _____

06

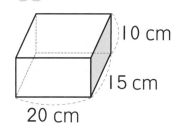

10 cm
15 cm
20 cm

겉넓이 : _____

부피 : _____

07

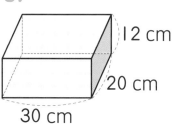

12 cm
20 cm
30 cm

겉넓이 : _____

부피 : _____

08

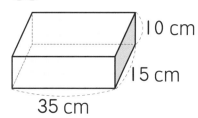

10 cm
15 cm
35 cm

겉넓이 : _____

부피 : _____

09

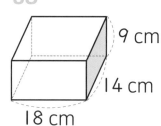

9 cm
14 cm
18 cm

겉넓이 : _____

부피 : _____

🍋 직육면체와 정육면체의 겉넓이와 부피를 구하세요.

01

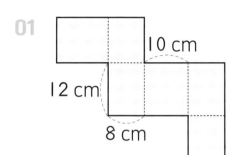

겉넓이 : _____

부피 : _____

02

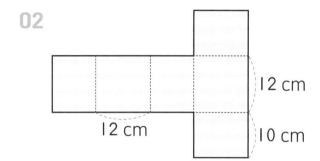

겉넓이 : _____

부피 : _____

03

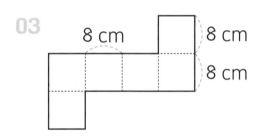

겉넓이 : _____

부피 : _____

04

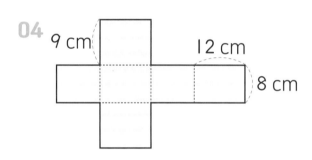

겉넓이 : _____

부피 : _____

05

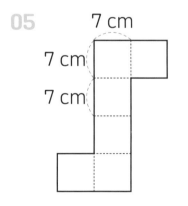

겉넓이 : _____

부피 : _____

06

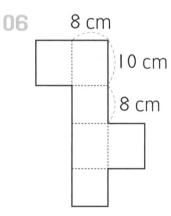

겉넓이 : _____

부피 : _____

01 직육면체의 겉넓이를 구하세요.

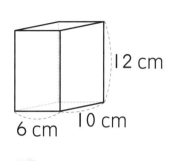

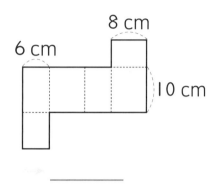

_____

_____

02 직육면체의 겉넓이를 보고 빈칸에 알맞은 수를 써넣으세요.

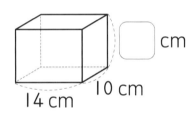

겉넓이 : 664 cm²

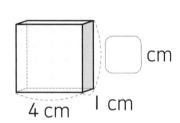

겉넓이 : 48 cm²

03 정육면체의 겉넓이는 직육면체 겉넓이의 절반입니다. 정육면체의 한 모서리의 길이는 몇 cm 인지 구하세요.

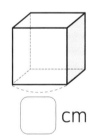

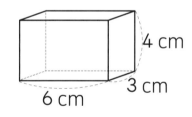

04 빈칸에 알맞은 수를 써넣으세요.

$40 \text{ m}^3 = $ ⬚ cm^3

$7700000 \text{ cm}^3 = $ ⬚ m^3

$6.1 \text{ m}^3 = $ ⬚ cm^3

$90000000 \text{ cm}^3 = $ ⬚ m^3

05 직육면체의 부피를 구하세요.

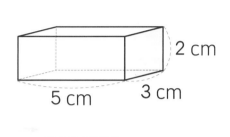

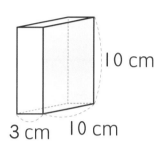

_____   _____

06 직육면체의 부피를 보고 빈칸에 알맞은 수를 써넣으세요.

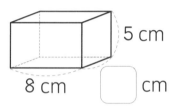

부피 : 240 cm³

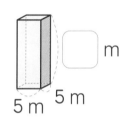

부피 : 375 m³

07 부피가 큰 순서대로 1부터 4까지의 수를 써넣으세요.

☐ 3.1 m³   ☐ 810000 cm³   ☐ 0.65 m³   ☐ 1000000 cm³

08 작은 정육면체 여러 개를 다음과 같이 쌓았습니다. 쌓은 정육면체의 부피가 1000 m³ 일 때 작은 정육면체의 한 모서리의 길이는 몇 m 인지 구하세요.

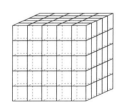

답 : _____ m

개미가 가장 빨리 꿀이 있는 곳으로 갈 수 있는 경로는 몇 번일까요?

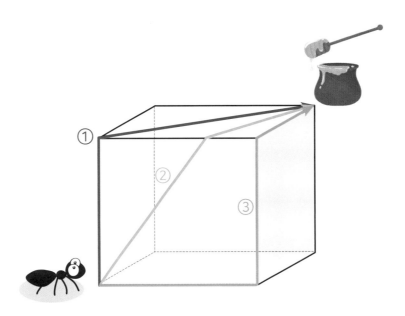

전개도의 일부입니다. ①, ②, ③의 경로를 그려서 확인해 보세요.

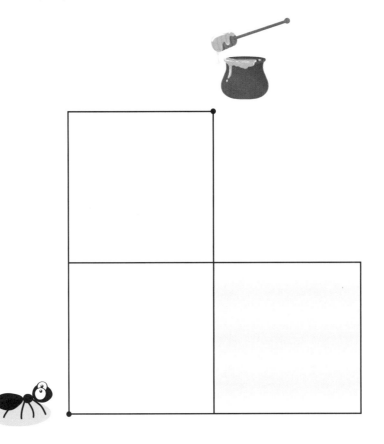

PART 1. 분수의 나눗셈

01A ▶ 10쪽

01 $\frac{1}{5}$ 02 $\frac{1}{4}$ 03 $\frac{5}{8}$

04 $\frac{2}{7}$ 05 $\frac{3}{5}$ 06 $\frac{3}{4}$

07 $\frac{7}{9}$ 08 $\frac{5}{6}$ 09 $\frac{4}{7}$

▶ 11쪽

01 $\frac{2}{5}$ 02 $\frac{1}{6}$ 03 $\frac{3}{4}$

04 $\frac{2}{7}$ 05 $\frac{3}{5}$ 06 $\frac{1}{8}$

07 $\frac{2}{3}$ 08 $\frac{2}{9}$ 09 $\frac{3}{10}$

10 $\frac{3}{8}$ 11 $\frac{5}{6}$ 12 $\frac{3}{7}$

13 $\frac{4}{5}$ 14 $\frac{5}{9}$ 15 $\frac{7}{11}$

16 $\frac{8}{13}$ 17 $\frac{5}{7}$ 18 $\frac{1}{12}$

19 $\frac{7}{8}$ 20 $\frac{4}{9}$ 21 $\frac{9}{10}$

01B ▶ 12쪽

01 $\frac{5}{7}$ 02 $\frac{7}{8}$

03 $\frac{3}{10}$ 04 $\frac{3}{5}$

05 $\frac{6}{11}$ 06 $\frac{4}{9}$

07 $\frac{2}{7}$ 08 $\frac{5}{6}$

09 $\frac{3}{8}$ 10 $\frac{7}{9}$

11 $\frac{5}{12}$ 12 $\frac{7}{10}$

▶ 13쪽

01 $\frac{1}{4}$ 02 $2\frac{1}{6}$ 03 $\frac{3}{8}$

04 $\frac{3}{5}$ 05 $\frac{3}{10}$ 06 $\frac{4}{13}$

07 $\frac{2}{7}$ 08 $\frac{1}{8}$ 09 $\frac{5}{9}$

10 $1\frac{1}{10}$ 11 $2\frac{3}{4}$ 12 $\frac{4}{15}$

13 $1\frac{4}{9}$ 14 $\frac{8}{11}$ 15 $\frac{5}{7}$

16 $1\frac{3}{7}$ 17 $\frac{2}{9}$ 18 $\frac{8}{15}$

19 $\frac{11}{13}$ 20 $\frac{6}{11}$ 21 $\frac{6}{7}$

02A ▶ 14쪽

01 $\frac{1}{2}, \frac{5}{12}$ 02 $\frac{1}{4}, \frac{3}{32}$

03 $\frac{1}{6}, \frac{2}{27}$ 04 $\frac{1}{3}, \frac{2}{7}$

05 $\frac{1}{8}, \frac{1}{26}$ 06 $\frac{1}{2}, \frac{7}{20}$

07 $\frac{1}{5}, \frac{7}{75}$ 08 $\frac{1}{4}, \frac{3}{22}$

▶ 15쪽

01 $\frac{1}{6}$ 02 $\frac{1}{16}$ 03 $\frac{2}{7}$

04 $\frac{5}{12}$ 05 $\frac{3}{20}$ 06 $\frac{1}{20}$

07 $\frac{2}{7}$ 08 $\frac{3}{35}$ 09 $\frac{5}{48}$

10 $\frac{11}{36}$ 11 $\frac{3}{14}$ 12 $\frac{7}{40}$

13 $\frac{1}{33}$ 14 $\frac{7}{26}$ 15 $\frac{5}{19}$

16 $\frac{5}{36}$ 17 $\frac{9}{80}$ 18 $\frac{3}{25}$

19 $\frac{3}{98}$ 20 $\frac{7}{39}$ 21 $\frac{2}{11}$

02B ▶ 16쪽

01 $\frac{1}{20}$ 02 $\frac{2}{63}$ 03 $\frac{5}{16}$

04 $\frac{8}{27}$ 05 $\frac{1}{21}$ 06 $\frac{2}{27}$

07 $\frac{7}{54}$ 08 $\frac{5}{21}$ 09 $\frac{1}{20}$

10 $\frac{1}{30}$ 11 $\frac{1}{13}$ 12 $\frac{5}{36}$

13 $\frac{3}{16}$ 14 $\frac{11}{90}$ 15 $\frac{2}{17}$

16 $\frac{1}{7}$ 17 $\frac{9}{28}$ 18 $\frac{5}{96}$

19 $\frac{8}{45}$ 20 $\frac{5}{114}$ 21 $\frac{3}{26}$

▶ 17쪽

01 $\frac{5}{36}$ 02 $\frac{1}{12}$ 03 $\frac{1}{14}$

04 $\frac{1}{10}$ 05 $\frac{7}{27}$ 06 $\frac{2}{7}$

07 $\frac{3}{14}$ 08 $\frac{1}{9}$ 09 $\frac{3}{50}$

10 $\frac{3}{40}$ 11 $\frac{13}{28}$ 12 $\frac{4}{65}$

13 $\frac{2}{13}$ 14 $\frac{7}{45}$ 15 $\frac{1}{57}$

16 $\frac{2}{75}$ 17 $\frac{6}{91}$ 18 $\frac{7}{68}$

19 $\frac{2}{55}$ 20 $\frac{2}{15}$ 21 $\frac{1}{20}$

03A ▶ 18쪽

01 $5, \frac{1}{3}, \frac{5}{6}$ 02 $18, \frac{1}{4}, \frac{9}{10}$

03 $9, \frac{1}{6}, \frac{3}{8}$ 04 $10, \frac{1}{4}, \frac{5}{6}$

05 $16, \frac{1}{7}, \frac{16}{21}$ 06 $24, \frac{1}{6}, \frac{4}{5}$

07 $7, \frac{1}{2}, \frac{7}{8}$ 08 $32, \frac{1}{8}, \frac{4}{9}$

09 $19, \frac{1}{5}, \frac{19}{40}$ 10 $12, \frac{1}{9}, \frac{4}{21}$

▶ 19쪽

01 $\frac{13}{20}$ 02 $\frac{17}{18}$ 03 $\frac{25}{48}$

04 $\frac{7}{12}$ 05 $\frac{5}{9}$ 06 $\frac{11}{15}$

07 $\frac{7}{8}$ 08 $\frac{19}{42}$ 09 $\frac{2}{3}$

10 $\frac{28}{45}$ 11 $1\frac{1}{36}$ 12 $2\frac{6}{7}$

13 $\frac{7}{24}$ 14 $\frac{13}{63}$ 15 $\frac{19}{48}$

16 $1\frac{1}{15}$ 17 $\frac{23}{24}$ 18 $\frac{9}{16}$

19 $\frac{3}{4}$ 20 $\frac{9}{40}$ 21 $1\frac{1}{10}$

03B ▶ 20쪽

01 $1\frac{3}{32}$ 02 $1\frac{13}{25}$ 03 $\frac{19}{36}$

04 $1\frac{11}{12}$ 05 $\frac{3}{8}$ 06 $\frac{7}{8}$

07 $\frac{11}{20}$ 08 $\frac{6}{7}$ 09 $1\frac{7}{9}$

10 $1\frac{8}{9}$ 11 $3\frac{3}{8}$ 12 $1\frac{11}{54}$

13 $\frac{13}{24}$ 14 $\frac{13}{28}$ 15 $\frac{6}{7}$

16 $\frac{22}{49}$ 17 $\frac{19}{72}$ 18 $2\frac{4}{5}$

19 $1\frac{1}{21}$ 20 $\frac{19}{27}$ 21 $\frac{7}{12}$

▶ 21쪽

01 $1\frac{1}{2}$ 02 $\frac{23}{28}$ 03 $1\frac{19}{27}$

04 $\frac{2}{5}$ 05 $1\frac{2}{3}$ 06 $\frac{5}{6}$

07 $\frac{17}{36}$ 08 $2\frac{5}{16}$ 09 $\frac{11}{27}$

28A ▶ 124쪽

01 2, 2, 2, 8　　02 6, 4, 3, 72
03 4, 3, 2, 24　　04 9, 2, 6, 108

▶ 125쪽

01 45 cm³　02 48 m³　03 280 cm³
04 240 m³　05 72 cm³　06 150 m³
07 64 cm³　08 1920 m³　09 768 cm³

28B ▶ 126쪽

01 378 m³　02 126 cm³　03 512 m³
04 192 m³　05 4320 cm³　06 105 m³
07 27 m³　08 24000 cm³　09 280 m³
10 100 cm³　11 150 m³　12 1911 cm³

▶ 127쪽

01 1050 cm³　　02 1920 m³
03 1920 m³　　04 4860 cm³
05 252 cm³　　06 216 m³
07 512 cm³　　08 36 m³

29A ▶ 128쪽

01 90 cm³　02 40 m³　03 343 m³
04 528 cm³　05 30 m³　06 384 cm³
07 192 cm³　08 240 m³　09 70 cm³
10 80 m³　11 300 cm³　12 392 cm³

▶ 129쪽

01 512 m³　　02 315 cm³
03 210 m³　　04 64 cm³
05 64 m³　　06 150 cm³
07 180 cm³　　08 240 m³

29B ▶ 130쪽

01 27 m³　02 150 cm³　03 200 m³
04 90 m³　05 64 m³　06 288 cm³
07 144 m³　08 1080 cm³　09 32 m³
10 12 m³　11 96 cm³　12 125 m³

▶ 131쪽

01 4896 m³　　02 1050 cm³
03 729 m³　　04 150 cm³
05 240 cm³　　06 1000 m³
07 288 m³　　08 216 cm³

30A ▶ 132쪽

01 2000000　　02 3
03 50000　　04 2.5

05 1200000　　06 4.1
07 40000000　　08 10
09 3300000　　10 0.95

▶ 133쪽

01 5000000　　02 11
03 70000000　　04 0.15
05 80000　　06 9
07 8100000　　08 56
09 72000000　　10 2.2
11 6000000　　12 50
13 440000　　14 9.9

30B ▶ 134쪽

　　01 0.07　　02 0.09
03 6　　04 0.24　　05 3.6
06 1.44　　07 2.2　　08 1.375
09 3　　10 64　　11 1.44

▶ 135쪽

01 1300000　02 8000000　03 2550000
04 1200000　05 2000000　06 8000
07 8400000　08 600000　09 720000
10 1200000　11 100000　12 13500000

31A ▶ 136쪽

　　01 4　　02 5
03 4　　04 7　　05 4
06 8　　07 12　　08 9
09 10　　10 4　　11 16

▶ 137쪽

　　01 4
02 8　　03 5
04 15　　05 6
06 5　　07 6

31B ▶ 138쪽

　　01 6　　02 9
03 3　　04 12　　05 5
06 8　　07 10　　08 12
09 6　　10 7　　11 4

▶ 139쪽

　　01 5
02 7　　03 6
04 9　　05 6
06 6　　07 7

32A ▶ 140쪽

01 1040 cm²　02 950 cm²　03 864 cm²
　 1200 cm³　　 1500 cm³　　 1728 cm³
04 580 cm²　05 1620 cm²　06 1300 cm²
　 800 cm³　　 4000 cm³　　 3000 cm³
07 2400 cm²　08 2050 cm²　09 1080 cm²
　 7200 cm³　　 5250 cm³　　 2268 cm³

▶ 141쪽

01 592 cm²　　02 768 cm²
　 960 cm³　　　 1440 cm³
03 384 cm²　　04 552 cm²
　 512 cm³　　　 864 cm³
05 294 cm²　　06 448 cm²
　 343 cm³　　　 640 cm³

교과에선 이런 문제를 다루어요 ▶ 142쪽

01 504 cm², 376 cm²
02 8, 4
03 3
04 40000000, 7.7
　 6100000, 90
05 30 cm³, 300 cm³
06 6, 15
07 1, 3, 4, 2
08 2

작은 정육면체의 개수는
5×5×5＝125개입니다.
따라서 작은 정육면체 한 개의 부피
는 1000÷125＝8 m³이고, 한 모서리
의 길이는 2 m입니다.

Quiz Quiz ▶ 144쪽

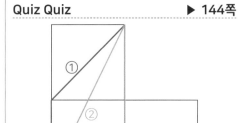

경로를 각각 전개도에 그리면 위와 같습니
다. 이 때, 가장 짧은 경로는 직선으로 이동
하는 ②번입니다.

15B ▶70쪽

01 3
36, 48
3, 4

02 7
56, 64
7, 8

03 3
27, 36
3, 4

04 I
10, 20
I, 2

05 6
42, 49
6, 7

06 5
25, 30
5, 6

▶71쪽

01 [2]
3.32÷2 18⑨7÷7
28.⑥÷10 30.24÷16
14.4÷9 I3.I÷5

02 [4]
10.89÷3 24⑩6÷6
48⑩7÷11 55.23÷14
33.④÷8 15.4÷4

03 [5]
40⑳4÷8 16⑫2÷3
28.7÷14 58.26÷12
19.96÷4 I.⑦÷2

04 [9]
44.25÷5 64⑳6÷7
79.38÷9 71.2÷8
19⑯6÷2 37⑳2÷4

05 [3]
16.26÷6 10⑤5÷3
32.45÷11 46.⑥2÷15
22.16÷8 7⑨÷2

06 [8]
35.4÷5 48⑫2÷6
87.⑯6÷10 66⑩8÷8
16⑦÷2 53.86÷7

07 [6]
37⑥8÷6 30⑧5÷5
53.37÷9 71.64÷12
4⑦6÷8 23.52÷4

08 [7]
50⑲9÷7 40.08÷6
86.⑯6÷12 75.79÷11
27.4÷4 23⑧5÷3

16A ▶72쪽

01 0.8 **02** 0.125 **03** 13.69 **04** 0.9
05 4.6 **06** I.3 **07** I.4 **08** 2.35
09 I.25 **10** 3.45 **11** 12.36 **12** 0.27
13 0.39 **14** 0.85 **15** 6.2 **16** 6.025

▶73쪽

01 9.5 **02** 0.7
03 0.52 **04** 3.3
05 0.775 **06** 7.125
07 10.31 **08** I.8
09 I.6 **10** 9.25
11 3.2 **12** 3.7
13 0.22 **14** 0.36
15 13.58 **16** 2.7

16B ▶74쪽

01 2.5
14.8
1.08

02 19.4
3.28
0.768

03 8.75
18.15
2.41

04 0.8
7.75
1.175

05 3.45
1.115
0.208

▶75쪽

01 0.5
29.6
2.16

02 48.5
1.195
9.75

03 I.7
14.48
5.2

04 15.25
18.1
1.14

05 12.25
0.79
1.475

06 0.84
0.36
2.8

17A ▶76쪽

01 I.4 **02** 0.4 **03** I.15 **04** 0.675
05 0.5 **06** 2.4 **07** I.25 **08** I.825
09 30.75 **10** 0.22 **11** 0.95 **12** 2.375
13 0.265 **14** 26.25 **15** 0.144 **16** I.53

▶77쪽

01 0.14 **02** 0.85
03 0.2 **04** 0.5
05 8.2 **06** 3.8
07 5.5 **08** 10.82
09 9.25 **10** 0.48
11 0.85 **12** 0.75
13 0.69 **14** 5.3
15 3.15 **16** 9.8

교과에선 이런 문제를 다루어요 ▶78쪽

01 3.25, 2.25, 0.75

02 0.31, $\dfrac{1}{100}$, I.5, $\dfrac{1}{10}$

03 I.21, 3.09, 0.225

04 [5]
11⑥2÷2 47.88÷10
22⑩4÷4 38.4÷8
24.12÷6 39⑨7÷7

[3]
10.4÷4 36⑶÷11
42⑥÷12 62⑧÷16
2.403÷9 4.4÷5

05
15.94÷4=39.85
15.94÷④=3.985
15.94÷4=0.3985
15.94÷4=3985

5.04÷⑥=0.84
5.04÷6=8.4
5.04÷6=0.084
5.04÷6=84

06 12130, 12130
12.13

07 I.43

Quiz Quiz ▶80쪽

```
        △ 2.☆
  △ □)△ 7 ☆.□
      △ □ …㉠
        3 ☆ …㉡
        2 ♡ …㉢
          ♡ □ …㉣
          ♡ □
            0
```

△ : I
□ : 4
☆ : 6
♡ : 8

㉠에서 △□=△□×△, △=I
㉡에서 3=△7−△□, 3=I7−I□, □=4
㉢에서 2♡=△□×2, 2♡=I4×2, ♡=8
㉣에서 ♡=3☆−2♡, 8=3☆−28, ☆=6

PART 3. 비와 비율

18A ▶82쪽

01 6 **02** 6 **03** 4 **04** 5
    3   4   3   6

▶83쪽

01 4 **02** 2 **05** 6 **06** 4
    5   2   7   3
03 8 **04** 3 **07** 3 **08** 4
    5   4   2   2

18B ▶84쪽

01 3 **02** 2 **05** 4 **06** 5
    $\dfrac{1}{3}$ $\dfrac{1}{2}$ $\dfrac{1}{4}$ $\dfrac{1}{5}$
03 $\dfrac{1}{2}$ **04** $\dfrac{1}{6}$
    2   6

▶85쪽

01 3 **02** $\dfrac{1}{4}$ **05** 5 **06** 10
    $\dfrac{1}{3}$ 4 $\dfrac{1}{5}$ $\dfrac{1}{10}$
03 $\dfrac{1}{2}$ **04** 3
    2      $\dfrac{1}{3}$

19A ▶86쪽

01 4 : 2 **02** 6 : 2
03 4 : 8 **04** 4 : 7
05 4 : 3 **06** 6 : 4
07 3 : 5 **08** 8 : 2

09 0.32, $\frac{1}{100}$ 10 0.65, $\frac{1}{100}$

▶ 51쪽

01 0.4
02 0.5　　　　　　03 0.5
04 3.5　　　　　　05 1.6
06 2.5　　　　　　07 7.5
08 1.8　　　　　　09 6.5
10 0.16　　　　　11 0.14
12 0.75　　　　　13 0.15
14 0.65　　　　　15 0.25

11A　　　　　　　　▶ 52쪽

01 1.35　　　02 2.55
03 1.36　　04 1.15　　05 1.42
06 1.05　　07 1.25　　08 2.15

▶ 53쪽

01 1.08　02 14.2　03 1.85　04 1.35
05 1.36　06 2.35　07 2.025　08 1.65
09 30.24　10 1.55　11 2.16　12 4.25

11B　　　　　　　　▶ 54쪽

01 0.65　　02 0.45
03 0.14　　04 0.25　　05 0.42
06 0.52　　07 0.35　　08 0.56

▶ 55쪽

01 0.35　02 0.234　03 0.43　04 0.55
05 0.26　06 0.65　07 0.54　08 0.497
09 0.677　10 0.202　11 0.53　12 0.28

12A　　　　　　　　▶ 56쪽

01 0.55　02 12.04　03 0.24　04 1.23
05 0.203　06 1.27　07 0.944　08 3.04
09 0.27　10 10.12　11 0.67　12 2.35

▶ 57쪽

01 0.43　02 1.28　03 0.118　04 1.86
05 12.8　06 2.49　07 1.05　08 4.45
09 0.18　10 14.06　11 0.975　12 1.33

12B　　　　　　　　▶ 58쪽

01 1.2　02 0.42　03 2.3　04 0.05
05 0.8　06 27.31　07 11.72　08 0.36
09 3.47　10 0.548　11 0.18　12 1.68
13 0.108　14 1.06　15 0.255　16 1.86

▶ 59쪽

01 1.1　02 6.87　03 1.7　04 0.28
05 0.7　06 1.84　07 7.09　08 0.275
09 1.235　10 0.685　11 0.15　12 0.85
13 0.22　14 0.245　15 0.26　16 1.428

13A　　　　　　　　▶ 60쪽

01 0.74　02 14.6　03 0.9　04 1.28
05 1.05　06 0.34　07 5.27　08 0.388
09 0.32　10 1.4　11 0.432　12 8.13

▶ 61쪽

01 0.4　02 1.44　03 0.204　04 0.21
05 0.495　06 0.18　07 2.115　08 1.525
09 0.45　10 4.01　11 0.345　12 2.72

13B　　　　　　　　▶ 62쪽

01 0.8　02 0.46　03 11.02　04 3.72
05 1.3　06 1.6　07 0.6　08 0.26
09 0.48　10 0.528　11 1.21　12 2.04
13 0.23　14 2.38　15 0.48　16 3.65

▶ 63쪽

01 0.7　02 0.9　03 1.35　04 0.6
05 3.2　06 1.4　07 2.1　08 0.32
09 0.57　10 1.03　11 0.24　12 1.42
13 0.525　14 1.16　15 0.074　16 3.24

14A　　　　　　　　▶ 64쪽

01 $\frac{12}{10}$, $\frac{12\div3}{10}$, 4, 0.4

02 $\frac{25}{10}$, $\frac{25\div5}{10}$, 5, 0.5

03 $\frac{84}{10}$, $\frac{84\div4}{10}$, 21, 2.1

04 $\frac{96}{100}$, $\frac{96\div8}{100}$, 12, 0.12

05 $\frac{102}{100}$, $\frac{102\div6}{100}$, 17, 0.17

▶ 65쪽

01 0.7　　　　　　02 0.8
03 0.9　　　　　　04 0.6
05 0.8　　　　　　06 0.4
07 1.41　　　　　08 1.23
09 0.15　　　　　10 0.31
11 1.21　　　　　12 1.87
13 2.26　　　　　14 3.17
15 0.42　　　　　16 0.24

14B　　　　　　　　▶ 66쪽

01 0.6, $\frac{1}{10}$　　　02 0.7, $\frac{1}{10}$

03 0.5, $\frac{1}{10}$　　　04 1.3, $\frac{1}{10}$

05 1.4, $\frac{1}{10}$　　　06 1.6, $\frac{1}{10}$

07 0.05, $\frac{1}{100}$　　08 0.27, $\frac{1}{100}$

09 0.03, $\frac{1}{100}$　　10 0.12, $\frac{1}{100}$

▶ 67쪽

01 0.41
02 1.6　　　　　　03 0.07
04 1.3　　　　　　05 1.2
06 0.23　　　　　07 0.5
08 2.3　　　　　　09 0.18
10 0.8　　　　　　11 0.03
12 0.19　　　　　13 0.9
14 0.2　　　　　　15 1.8

15A　　　　　　　　▶ 68쪽

01 6　　　　　　02 7
　　36　　　　　　49
　　6, 큼　　　　　7, 큼
03 9　　　　　　04 2
　　45　　　　　　18
　　9, 작음　　　　2, 큼
05 8　　　　　　06 3
　　64　　　　　　21
　　8, 작음　　　　3, 작음

▶ 69쪽

01 5.99　　　　　02 2.95
03 0.205　　　　04 0.503
05 7.93　　　　　06 29.9
07 8.06　　　　　08 7.95
09 0.915　　　　10 9.02
11 59.1　　　　　12 10.89
13 12.82　　　　14 5.03

▶ 33쪽

01 $1\frac{3}{7}$ 02 $7\frac{1}{3}$ 03 $\frac{5}{24}$

04 $1\frac{5}{14}$ 05 $\frac{1}{10}$ 06 $1\frac{13}{16}$

07 $\frac{16}{25}$ 08 $4\frac{1}{5}$ 09 $\frac{1}{8}$

10 $1\frac{5}{16}$ 11 $\frac{1}{7}$ 12 $1\frac{2}{3}$

13 $\frac{13}{20}$ 14 $\frac{5}{8}$ 15 $1\frac{1}{7}$

07A ▶ 34쪽

01 $\frac{3}{7}$ 02 $\frac{1}{4}$

03 $3\frac{6}{7}$ 04 $\frac{11}{16}$ 05 $\frac{1}{2}$

06 $2\frac{1}{2}$ 07 $1\frac{1}{5}$ 08 $3\frac{2}{5}$

09 $\frac{4}{15}$ 10 $2\frac{8}{9}$ 11 $4\frac{1}{9}$

12 $1\frac{9}{10}$ 13 $\frac{3}{28}$ 14 $7\frac{1}{2}$

▶ 35쪽

01 $1\frac{2}{3}$ 02 $1\frac{1}{4}$ 03 $2\frac{3}{4}$

04 $2\frac{1}{4}$ 05 $3\frac{1}{3}$ 06 $\frac{1}{9}$

07 $3\frac{2}{5}$ 08 $\frac{29}{35}$ 09 $\frac{1}{2}$

10 $3\frac{2}{3}$ 11 $\frac{5}{8}$ 12 $5\frac{1}{3}$

13 $1\frac{39}{56}$ 14 $5\frac{29}{32}$ 15 $\frac{2}{3}$

교과에선 이런 문제를 다루어요 ▶ 36쪽

01 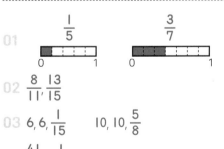 $\frac{1}{5}$ $\frac{3}{7}$

02 $\frac{8}{11}$, $\frac{13}{15}$

03 $6, 6, \frac{1}{15}$ $10, 10, \frac{5}{8}$

04 $\frac{41}{48}$, $5\frac{1}{25}$

05 $\frac{1}{56}$, $\frac{1}{54}$

06 $\frac{39}{50}$

07 $\frac{17}{30}$

08 $\frac{17}{24}$

Quiz Quiz ▶ 38쪽

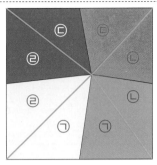

네 사각형이 모이는 점과 정사각형의 꼭짓점을 연결하여 선분 4개를 그리면 넓이가 같은 삼각형 4쌍을 만들 수 있습니다. 이때 넓이가 같은 삼각형은 같은 기호로 표시합니다.
주황색, 노란색 사각형의 넓이의 합과 빨간색, 초록색 사각형의 넓이의 합이 ㉠+㉡+㉢+㉣로 서로 같기 때문에 □+28=26+34입니다. 따라서 □=32이고, 빨간색 사각형의 넓이는 32 cm²입니다.

PART 2. 소수의 나눗셈

08A ▶ 40쪽

01 2.5 02 3.5

03 8.5 04 7.8 05 5.5

06 6.75 07 5.75 08 3.25

▶ 41쪽

01 3.5 02 1.25 03 3.5 04 2.75

05 7.5 06 4.5 07 3.8 08 2.5

09 13.5 10 6.6 11 9.5 12 1.125

08B ▶ 42쪽

01 0.625 02 0.25

03 0.75 04 0.25 05 0.125

06 0.32 07 0.875 08 0.375

▶ 43쪽

01 0.8 02 0.25 03 0.75 04 0.5

05 0.625 06 0.4 07 0.875 08 0.6

09 0.125 10 0.375 11 0.45 12 0.28

09A ▶ 44쪽

01 0.6 02 4.5 03 9.75 04 19.75

05 24.5 06 0.375 07 15.4 08 0.36

09 0.5 10 0.75 11 1.2 12 0.3

▶ 45쪽

01 0.75 02 0.4 03 0.625 04 1.75

05 0.2 06 1.5 07 10.5 08 30.5

09 0.125 10 4.25 11 2.5 12 11.6

09B ▶ 46쪽

01 7.875 02 12.75 03 17.5 04 14.4

05 22.5 06 4.8 07 1.75 08 14.5

09 16.6 10 0.625 11 5.5 12 1.375

13 3.3 14 0.68 15 0.35 16 1.625

▶ 47쪽

01 7.375 02 1.75 03 12.4 04 2.875

05 16.8 06 7.5 07 0.375 08 8.625

09 4.5 10 11.5 11 7.4 12 7.75

13 4.8 14 0.75 15 0.34 16 1.64

10A ▶ 48쪽

01 $\frac{5}{2}, \frac{5\times5}{2\times5}, 25, 2.5$

02 $\frac{3}{5}, \frac{3\times2}{5\times2}, 6, 0.6$

03 $\frac{9}{4}, \frac{9\times25}{4\times25}, 225, 2.25$

04 $\frac{7}{25}, \frac{7\times4}{25\times4}, 28, 0.28$

05 $\frac{9}{20}, \frac{9\times5}{20\times5}, 45, 0.45$

06 $\frac{11}{8}, \frac{11\times125}{8\times125}, 1375, 1.375$

▶ 49쪽

01 1.4 02 2.2

03 3.5 04 0.5

05 1.75 06 0.75

07 0.65 08 0.35

09 0.16 10 0.68

11 0.58 12 0.26

13 0.875 14 2.375

15 0.075 16 0.225

10B ▶ 50쪽

01 $0.5, \frac{1}{10}$ 02 $0.8, \frac{1}{10}$

03 $0.4, \frac{1}{10}$ 04 $1.4, \frac{1}{10}$

05 $0.5, \frac{1}{10}$ 06 $0.2, \frac{1}{10}$

07 $0.75, \frac{1}{100}$ 08 $0.35, \frac{1}{100}$

▶ 87쪽

01 12,7	02 6,5	07 3,9	08 3,8
12,7	6,5	9,3	8,3
12,7	5,6	3,9	8,3
03 6,8	04 5,4	09 10,4	10 20,9
6,8	5,4	10,4	20,9
8,6	4,5	4,10	20,9
05 15,7	06 3,4		
15,7	3,4		
15,7	4,3		

19B　　　　　　　　　　　　▶ 88쪽

01 10,3	02 5,6	07 6,10	08 11,5
03 3,7	04 7,5	09 7,6	10 2,1
05 3,4	06 3,8	11 8,13	12 9,5

▶ 89쪽

01 7,12	02 4,3	07 2,4	08 2,7
03 7,6	04 5,1	09 11,7	10 7,3
05 6,10	06 14,3	11 10,2	12 3,6

20A　　　　　　　　　　　　▶ 90쪽

01 $\frac{2}{15}$　　02 4.5

03 $\frac{4}{3}$　　04 0.5　　05 $\frac{1}{5}$

06 0.2　　07 $\frac{7}{3}$　　08 0.4

▶ 91쪽

01 $\frac{7}{11}$　　02 2.25　　03 $\frac{5}{13}$

04 0.16　　05 $\frac{2}{3}$　　06 0.8

07 $\frac{1}{3}$　　08 0.25　　09 $\frac{2}{5}$

10 0.1　　11 $\frac{11}{7}$　　12 0.25

13 $\frac{4}{3}$　　14 2.4　　15 $\frac{8}{7}$

16 0.15　　17 $\frac{3}{7}$　　18 0.05

20B　　　　　　　　　　　　▶ 92쪽

01 $\frac{2}{3}$　　02 2.5　　03 $\frac{4}{11}$

04 0.25　　05 $\frac{5}{2}$　　06 0.1

07 $\frac{7}{3}$　　08 0.2　　09 $\frac{8}{5}$

10 0.68　　11 $\frac{3}{13}$　　12 5.5

13 $\frac{2}{15}$　　14 1.75　　15 $\frac{17}{3}$

16 0.04　　17 $\frac{3}{5}$　　18 0.5

▶ 93쪽

01 $\frac{4}{25}$　　02 0.12　　03 $\frac{11}{6}$

04 2.25　　05 $\frac{9}{8}$　　06 0.15

07 $\frac{9}{4}$　　08 1.5　　09 $\frac{2}{3}$

10 0.02　　11 $\frac{1}{4}$　　12 0.2

13 $\frac{1}{5}$　　14 0.05　　15 $\frac{1}{3}$

16 0.3　　17 $\frac{3}{2}$　　18 0.7

21A　　　　　　　　　　　　▶ 94쪽

01　99, 91, 92, 110, 95
02　150, 165, 100, 120, 131, 125
03　170, 151, 110, 130, 110, 105

▶ 95쪽

01 1	02 1	05 3	06 4
3	4	2	1
4	3	1	2
2	2	4	3
03 2	04 1	07 3	08 4
4	4	2	1
3	3	4	2
1	2	1	3

21B　　　　　　　　　　　　▶ 96쪽

01　65, 25, 54, 35, 45
02　150, 300, 120, 125, 131, 101
03　130, 125, 100, 108, 142, 160

▶ 97쪽

01 2	02 2	05 3	06 2
3	1	2	1
4	3	1	3
1	4	4	4
03 2	04 4	07 4	08 2
1	2	3	3
4	1	2	1
3	3	1	4

22A　　　　　　　　　　　　▶ 98쪽

	01 20%	02 60%
03 30%	04 15%	05 75%

06 35%	07 45%	08 34%
09 95%	10 6%	11 52%

▶ 99쪽

01 34%	02 25%	03 20%
04 53%	05 70%	06 58%
07 25%	08 32%	09 22%
10 89%	11 65%	12 68%
13 97%	14 34%	15 65%
16 18%	17 84%	18 76%
19 1%	20 8%	21 30%

22B　　　　　　　　　　　　▶ 100쪽

01 55%	02 60%	03 75%
04 34%	05 60%	06 30%
07 20%	08 40%	09 50%
10 10%	11 50%	12 30%
13 4%	14 70%	15 25%
16 12%	17 2%	18 30%
19 20%	20 30%	21 20%

▶ 101쪽

01 20%	02 90%	03 72%
04 70%	05 25%	06 6%
07 40%	08 95%	09 70%
10 68%	11 8%	12 45%
13 64%	14 60%	15 50%
16 5%	17 10%	18 7%
19 30%	20 76%	21 15%

23A　　　　　　　　　　　　▶ 102쪽

01　25%, 50%, 40%, 30%, 21%
02　20%, 21%, 25%, 30%, 15%, 18%
03　15%, 10%, 11%, 13%, 12%, 16%

▶ 103쪽

01 7%	02 5%	05 11%	06 13%
34%	7%	15%	17%
25%	8%	13%	15%
03 7%	04 10%	07 16%	08 19%
8%	16%	17%	11%
3%	18%	12%	13%

23B　　　　　　　　　　　　▶ 104쪽

01　5%, 20%, 10%, 5%, 12%
02　20%, 25%, 12%, 13%, 16%, 11%
03　15%, 18%, 11%, 9%, 8%, 13%

▶ 105쪽

01	3	02	4	05	2	06	3
	4		3		1		1
	2		2		4		2
	1		1		3		4
03	4	04	4	07	4	08	4
	1		1		1		3
	2		2		3		1
	3		3		2		2

24A ▶ 106쪽

01 $\frac{3}{8}$　02 0.3　03 $\frac{4}{13}$

04 0.2　05 $\frac{3}{5}$　06 0.45

07 $\frac{3}{20}$　08 0.8　09 $\frac{5}{4}$

10 0.25　11 $\frac{12}{5}$　12 0.1

13 $\frac{1}{2}$　14 3.75　15 $\frac{6}{5}$

16 0.5　17 $\frac{3}{4}$　18 0.25

▶ 107쪽

01 25%　02 54%　03 60%
04 80%　05 40%　06 5%
07 5%　08 85%　09 80%
10 55%　11 7%　12 55%
13 60%　14 36%　15 50%
16 8%　17 25%　18 5%
19 70%　20 92%　21 16%

24B ▶ 108쪽

01 $\frac{3}{4}$　02 0.15　03 $\frac{4}{11}$

04 0.4　05 $\frac{6}{5}$　06 0.2

07 $\frac{3}{10}$　08 0.7　09 $\frac{4}{3}$

10 0.25　11 $\frac{11}{4}$　12 0.3

13 $\frac{2}{3}$　14 0.2　15 $\frac{3}{2}$

16 0.25　17 $\frac{3}{2}$　18 0.08

▶ 109쪽

01 25%　02 74%　03 60%
04 20%　05 80%　06 18%
07 10%　08 55%　09 75%
10 55%　11 19%　12 50%

13 20%　14 3%　15 90%
16 25%　17 45%　18 99%
19 4%　20 96%　21 98%

25A ▶ 110쪽

01 60%　02 50%　03 50%
04 80%　05 70%　06 100%
07 50%　08 75%　09 80%
10 75%　11 60%　12 60%
13 70%　14 75%　15 60%
16 40%　17 25%　18 40%

▶ 111쪽

01 20%　02 30%　03 75%
04 40%　05 95%　06 25%
07 75%　08 80%　09 40%
10 25%　11 80%　12 85%
13 50%　14 25%　15 30%
16 90%　17 50%　18 80%

교과에선 이런 문제를 다루어요 ▶ 112쪽

01
2	6	7
13	1	4

02 4 : 5
　4 : 5
　5 : 4

03 100%, 50%, 30%

04
5:4	—	$\frac{5}{4}$	50%
18에 대한 9의 비		1.2	125%
5의 50에 대한 비		$\frac{1}{2}$	10%
18과 15의 비		0.1	120%

05
220%　1.5　⟨$\frac{9}{11}$⟩　1　⟨11%⟩　$\frac{10}{5}$　⟨1 : 9⟩

06 62%

07 감자칩

Quiz Quiz ▶ 114쪽

0이 적힌 칸을 둘러싼 선분에 모두 X표 하고, 칸에 적힌 수만큼 고리가 되는 선분을 찾으면 나머지 선분에는 X표 합니다. 그다음 ②번 규칙에 따라 고리를 이어 그립니다. 다음 순서로 그릴 수 있습니다.

PART 4. 직육면체의 부피와 겉넓이

26A ▶ 116쪽

01 35, 35, 25, 190　02 30, 24, 20, 148
03 35, 28, 20, 166　04 24, 18, 12, 108

▶ 117쪽

01 244　02 224　03 174
04 412　05 292　06 1120
07 788　08 1800　09 2344
10 468　11 992　12 1800

26B ▶ 118쪽

01 78, 40, 158　02 112, 40, 192
03 208, 42, 292　04 240, 108, 456

▶ 119쪽

　　　　　　01 358
02 928　　　03 768
04 680　　　05 258
06 208　　　07 66

27A ▶ 120쪽

01 248　02 150　03 288
04 52　05 76　06 700
07 294　08 248　09 356
10 700　11 382　12 484

▶ 121쪽

01 90　　02 144
03 236　　04 486
05 236　　06 592
07 294　　08 334

27B ▶ 122쪽

01 286　02 606　03 96
04 696　05 254　06 488
07 424　08 224　09 208
10 190　11 54　12 406

▶ 123쪽

01 396　　02 864
03 214　　04 170
05 1728　　06 236
07 832　　08 468

10 $1\frac{13}{24}$ 11 $\frac{9}{14}$ 12 $\frac{1}{2}$

13 $2\frac{13}{24}$ 14 $\frac{3}{5}$ 15 $\frac{8}{9}$

16 $1\frac{5}{6}$ 17 $1\frac{1}{16}$ 18 $\frac{11}{14}$

19 $\frac{23}{40}$ 20 $1\frac{5}{9}$ 21 $\frac{9}{14}$

04A ▶ 22쪽

01 $\frac{3}{35}$ 02 $\frac{1}{18}$

03 $\frac{5}{48}$ 04 $\frac{1}{9}$

05 $\frac{5}{27}$ 06 $\frac{1}{12}$

07 $\frac{3}{14}$ 08 $\frac{5}{42}$

09 $\frac{4}{39}$ 10 $\frac{5}{68}$

11 $\frac{13}{30}$ 12 $\frac{4}{77}$

13 $\frac{3}{20}$ 14 $\frac{3}{32}$

▶ 23쪽

01 $\frac{1}{7}$ 02 $\frac{7}{27}$ 03 $\frac{1}{18}$

04 $\frac{3}{28}$ 05 $\frac{3}{34}$ 06 $\frac{1}{15}$

07 $\frac{2}{11}$ 08 $\frac{11}{32}$ 09 $\frac{4}{13}$

10 $1\frac{2}{15}$ 11 $\frac{17}{32}$ 12 $\frac{16}{21}$

13 $2\frac{1}{10}$ 14 $1\frac{11}{27}$ 15 $\frac{5}{8}$

16 $1\frac{9}{32}$ 17 $\frac{7}{10}$ 18 $\frac{3}{10}$

19 $\frac{17}{21}$ 20 $2\frac{1}{5}$ 21 $\frac{11}{14}$

04B ▶ 24쪽

01 $\frac{11}{20}, \frac{11}{120}$ 02 $\frac{15}{28}, \frac{3}{28}$

03 $1\frac{7}{8}, \frac{5}{8}$ 04 $\frac{1}{5}, \frac{1}{50}$

05 $\frac{5}{6}, \frac{5}{18}$ 06 $\frac{4}{5}, \frac{2}{15}$

07 $2\frac{1}{12}, \frac{5}{12}$ 08 $1\frac{11}{16}, \frac{9}{32}$

▶ 25쪽

01 $\frac{1}{24}$ 02 $\frac{1}{15}$ 03 $\frac{6}{35}$

04 $\frac{1}{30}$ 05 $\frac{9}{56}$ 06 $\frac{5}{22}$

07 $\frac{13}{80}$ 08 $\frac{2}{19}$ 09 $\frac{2}{15}$

10 $\frac{17}{20}$ 11 $\frac{46}{63}$ 12 $\frac{4}{9}$

13 $\frac{11}{36}$ 14 $\frac{5}{6}$ 15 $1\frac{8}{21}$

16 $\frac{5}{27}$ 17 $\frac{17}{24}$ 18 $\frac{16}{21}$

19 $1\frac{1}{2}$ 20 $\frac{23}{28}$ 21 $\frac{7}{12}$

05A ▶ 26쪽

01 $\frac{4}{7}, \frac{2}{7}$ 02 $\frac{8}{9}, \frac{4}{9}$

03 $\frac{10}{11}, \frac{2}{11}$ 04 $\frac{9}{13}, \frac{3}{13}$

05 $\frac{10}{9}, \frac{10}{9}, \frac{2}{9}$ 06 $\frac{12}{5}, \frac{12}{5}, \frac{3}{5}$

07 $\frac{12}{7}, \frac{12}{7}, \frac{4}{7}$ 08 $\frac{35}{8}, \frac{35}{8}, \frac{5}{8}$

▶ 27쪽

01 $\frac{2}{9}$ 02 $\frac{2}{5}$ 03 $\frac{1}{8}$

04 $\frac{3}{10}$ 05 $\frac{2}{13}$ 06 $\frac{2}{21}$

07 $\frac{4}{11}$ 08 $\frac{4}{17}$ 09 $\frac{3}{11}$

10 $\frac{1}{2}$ 11 $\frac{4}{5}$ 12 $\frac{3}{8}$

13 $1\frac{5}{7}$ 14 $1\frac{1}{3}$ 15 $\frac{4}{9}$

16 $\frac{1}{3}$ 17 $1\frac{3}{4}$ 18 $\frac{4}{5}$

19 $\frac{3}{7}$ 20 $\frac{2}{3}$ 21 $\frac{3}{5}$

05B ▶ 28쪽

01 $15, 15, \frac{5}{18}$ 02 $20, 20, \frac{4}{35}$

03 $6, 6, \frac{3}{8}$ 04 $14, 14, \frac{2}{63}$

05 $21, 21, \frac{7}{9}$ 06 $66, 66, \frac{11}{48}$

07 $44, 44, \frac{11}{28}$ 08 $84, 84, \frac{12}{35}$

▶ 29쪽

01 $\frac{3}{20}$ 02 $\frac{5}{24}$ 03 $\frac{8}{45}$

04 $\frac{7}{60}$ 05 $\frac{9}{70}$ 06 $\frac{7}{44}$

07 $\frac{6}{65}$ 08 $\frac{11}{102}$ 09 $\frac{3}{80}$

10 $1\frac{5}{9}$ 11 $\frac{29}{72}$ 12 $\frac{43}{56}$

13 $\frac{11}{18}$ 14 $1\frac{9}{16}$ 15 $\frac{15}{28}$

16 $\frac{41}{54}$ 17 $\frac{9}{40}$ 18 $1\frac{5}{24}$

19 $1\frac{13}{45}$ 20 $\frac{23}{63}$ 21 $1\frac{1}{12}$

06A ▶ 30쪽

01 $\frac{5}{18}$ 02 $\frac{2}{9}$ 03 $\frac{3}{7}$

04 $\frac{2}{11}$ 05 $\frac{2}{17}$ 06 $\frac{13}{40}$

07 $\frac{7}{30}$ 08 $4\frac{1}{2}$ 09 $\frac{5}{48}$

10 $\frac{4}{9}$ 11 $\frac{19}{32}$ 12 $1\frac{1}{3}$

13 $2\frac{17}{18}$ 14 $3\frac{6}{7}$ 15 $1\frac{5}{8}$

16 $3\frac{5}{8}$ 17 $\frac{3}{7}$ 18 $3\frac{1}{6}$

19 $\frac{8}{9}$ 20 $\frac{5}{8}$ 21 $2\frac{3}{5}$

▶ 31쪽

01 $\frac{1}{7}$ 02 $\frac{1}{16}$ 03 $\frac{4}{5}$

04 $\frac{1}{24}$ 05 $\frac{3}{19}$ 06 $\frac{9}{70}$

07 $5\frac{1}{3}$ 08 $\frac{2}{11}$ 09 $\frac{5}{13}$

10 $\frac{17}{54}$ 11 $1\frac{3}{14}$ 12 $1\frac{11}{12}$

13 $2\frac{6}{7}$ 14 $1\frac{7}{24}$ 15 $2\frac{1}{9}$

16 $1\frac{1}{2}$ 17 $1\frac{9}{10}$ 18 $2\frac{1}{28}$

19 $5\frac{3}{5}$ 20 $\frac{13}{49}$ 21 $\frac{3}{8}$

06B ▶ 32쪽

01 $\frac{2}{9}$ 02 $2\frac{1}{7}$

03 $\frac{19}{28}$ 04 $1\frac{3}{4}$ 05 $\frac{4}{5}$

06 $1\frac{32}{35}$ 07 $\frac{3}{40}$ 08 $2\frac{2}{5}$

09 $7\frac{5}{6}$ 10 $\frac{47}{54}$ 11 $1\frac{4}{7}$

12 $3\frac{3}{4}$ 13 $\frac{4}{5}$ 14 $\frac{1}{20}$